小谷太郎

言ってはいけない宇宙論

物理学7大タブー

GS
幻冬舎新書
484

はじめに

ブツリガクだとかカガクには、冷静・理知的・禁欲的な印象があるでしょう。冷たい論理に従って物の理（ことわり）を追究し、データと計算によって導いた結論は、たとえ常識や予想に反しても、宇宙の法則として受け入れる。そういう科学者のイメージが浮かびます。

けれども人間によって営まれる科学の実情は、そういう美しいものとも限りません。若手の正しい主張が頑迷な長老に否定されることもあれば、冷静とも理知的とも呼べない泥仕合が繰り広げられることもあります。そんな盛んな論争によって科学が進歩するのである、と、きれいにまとめられるケースばかりではありません。

本書では、研究者が口角泡を飛ばし机を叩いて激昂する（ときもある）論争の数々を紹介します。それによって浮彫りとなる現代物理学の問題点を指摘し、何が問題なのかを基本からなるべく平易に解説しましょう。テーマは宇宙論や量子力学などの現代物理学における未解決問題です。

物理学は、ミクロな素粒子からマクロな天体現象まで、世の中の仕組みをほぼ説明することができる、華々しい成功を収めた体系です。

しかし実はその基礎となる重要部に、知識の空白があったり、理論どうしが整合しない事実があるのです。その空白がどうやったら埋まるのか、わかっていません。

●光すら脱出できない強い重力を持つ天体「ブラック・ホール」。そのアイディアが最初に提唱されたとき、天文学者は恐れおののいて嫌悪しました。そのブラック・ホールが最期に爆発するというのは本当でしょうか。

●ミクロな物体の物理法則である「量子力学」が、根本原理に不完全な部分を含むことは、その創始期に指摘されました。しかしその解決は先送りされたまま、もうすぐ1世紀が経ちます。

私たちは量子力学の応用製品を日常的に使っていますが、それらの製品がどうして働くのか、実は理解していないのです。

●宇宙空間は「ダーク・マター」と呼ばれる正体不明の「物質」で満たされています。また近年、「ダーク・エネルギー」という、さらにわけのわからない存在が追加されました。現在の宇宙の95パーセントは謎の成分で占められています。

こうして次々と新成分を追加しなければ維持できない「標準宇宙論」は本当に標準なのでしょうか。私たちの宇宙の理解にどこか欠陥があるということはないでしょうか。

こうした問題点は、現代物理学の破綻の兆しかもしれません。物理学を基礎から書き換えないと解決できない問題もあるかもしれません。

現代物理学が破綻する可能性は、考えただけでもわくわくします。それには多くの研究者が同意するでしょう。

みなさんも御一緒に、物理学の基礎が破壊され、それとともに問題が解決される日を待ちませんか。

言ってはいけない宇宙論／目次

本文イラスト　著者
DTP　美創

タブー1
陽子崩壊説

素粒子の「大統一理論」というはなはだ大仰な名称の理論によれば、陽子という粒子には寿命があり、長い時間の後に崩壊して別の粒子に変わります。

けれども、この崩壊を観測しようという計画で建造された実験装置は、理論家の予言よりも遥かに長い間待っているのに、いまだに陽子崩壊現象を見つけていません。（その代わりに、超新星からのニュートリノを見つけてしまい、ニュートリノ天文学という新しい分野を創始してしまいました。）

果たして現在の理論は正しいのでしょうか。

素粒子界を支配するルールを探せ

究極の基本粒子の条件とは

身近な物体や、私たち自身の体、太陽や月など、この世界の物質は分子・原子というミクロな粒子の集まりです。

原子は中心の「原子核」と、その周囲を取り囲む「電子」からできていて、その原子核は「陽子」と「中性子」という粒がくっつきあってできていて、陽子と中性子は「クォーク」という粒がひっつきあってできています。矢継ぎ早に物理学用語が出てきて目を白黒させてしまいそうですが、研究の順番や年代を無視してミクロの世界のイメージを描くと図1-1のような感じです。

自然界にはこういうミクロな連中が際限も秩序もなく存在しているのでしょうか。連中を支配する統一的なルールはないのでしょうか。そんなことを考えてあれこれ分類し始めるのが人間の習性というものです。19世紀には多種多様な元素を分類するのに成功し、周期表を作成したのでした。

20世紀初めにまず明らかになったのは、物質を作る基本的な粒子であるはずの原子が、実は基本的な粒子ではないということでした。

原子は原子核と電子からできていて、さらに原子核は陽子と中性子が集まったものでした。原子は衝撃を与えるとぽろぽろ電子をこぼし、もっと強い衝撃を原子核に与えると、あるいは放っておくと自然に、原子核もばらばら壊れることが見いだされたのです。

これで何が基本的な粒子で何が基本的でないか、見分けるヒントが一つわかります。壊れて部品に分解するならそれは基本的な粒子ではないのです。

どうしても部品に分けることのできない粒子があれば、それは究極の基本粒子である素粒子の候補になります。

素粒子を見分けるもう一つの手がかりは、そのサイズです。構造といってもいいでしょう。

いくつもの部品からなる複合粒子にはサイズがあります。複数の部品からなるため、そこには必ず部品と部品の間隔というサイズが生じるのです。これをゼロにはできません。

もしサイズも構造もまったく見られない、完全に点状の粒子があれば、それは素粒子の可能性があります。

クォーク6種とレプトン6種

ミクロな粒子をぶつけたり壊したりして部品や構造を調べた結果、陽子と中性子は複合粒子と判明しました。陽子も中性子も、「クォーク」という素粒子が3個集まってできています。

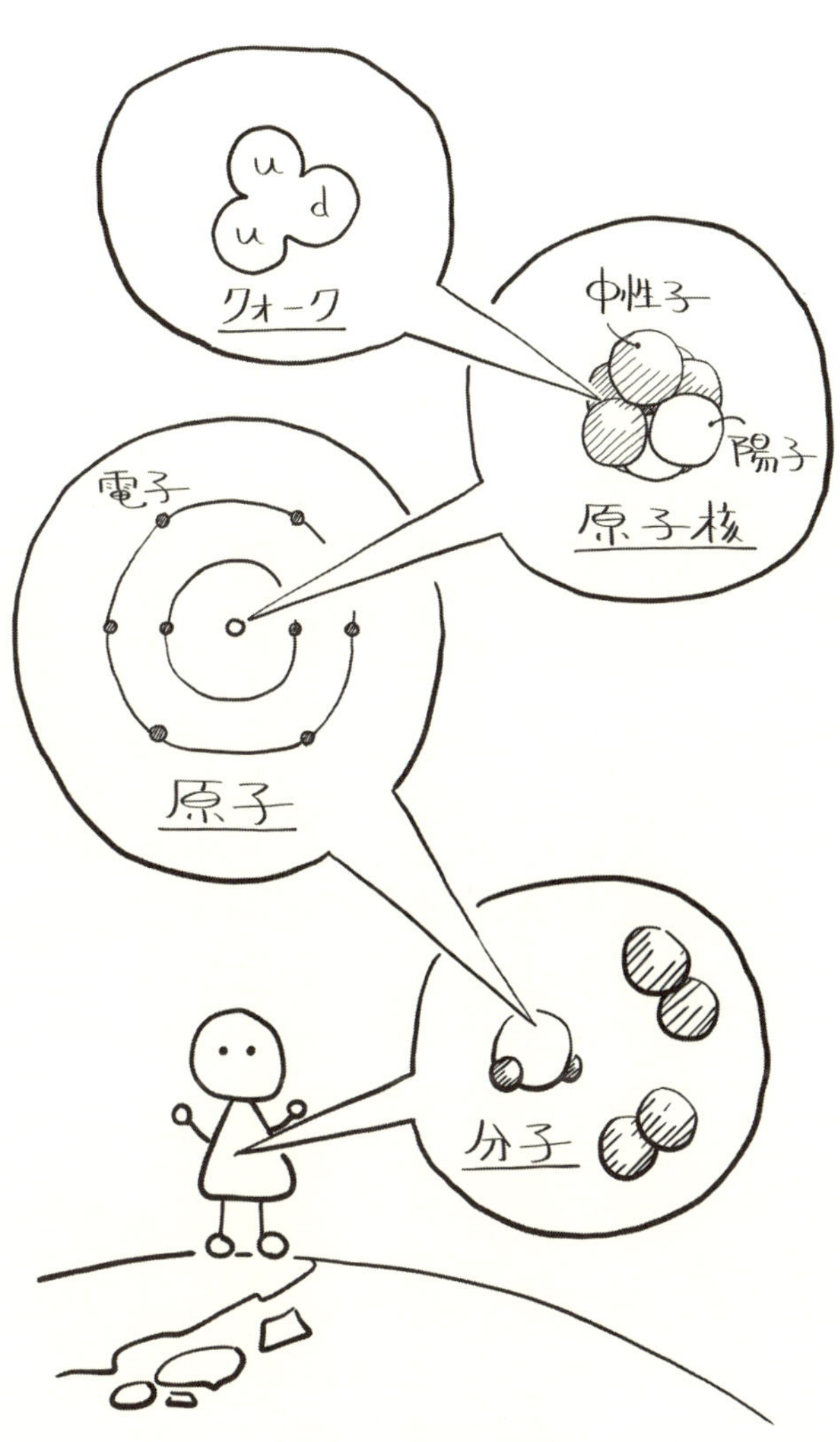

図1-1 ミクロの世界

一方、電子は素粒子と呼んでよさそうです。

陽子と中性子は「アップ・クォーク」と「ダウン・クォーク」という2種のクォークの組み合わせですが、クォークには他にも種類が見つかりました。「ストレンジ・クォーク」「チャーム・クォーク」「ボトム・クォーク」「トップ・クォーク」です。

これら6種のクォークは複合粒子ではなく素粒子に分類されています。（本当はクォークには、「色荷（しきか）」という量のちがうものがそれぞれに3種ずつあるので、3×6＝18種あるのですが、ここでは無視します。）

なんだか素粒子の数が増えてきました。そもそも素粒子を探し始めたのは、少数の素粒子で多くの複合粒子を説明したいと期待してのことだったはずです。

いえ、複合粒子の総数に比べれば、6種のクォークは少数です。6種のクォークを組み合わせると、陽子や中性子の仲間の「核子」が56種以上作られます。

実は粒子加速器のエネルギーを高くすると、何十種何百種もの核子が次から次へと転げ出てくることがわかってきたのですが、そういういささか混乱した状況は6種のクォークですっきり説明できたのです。

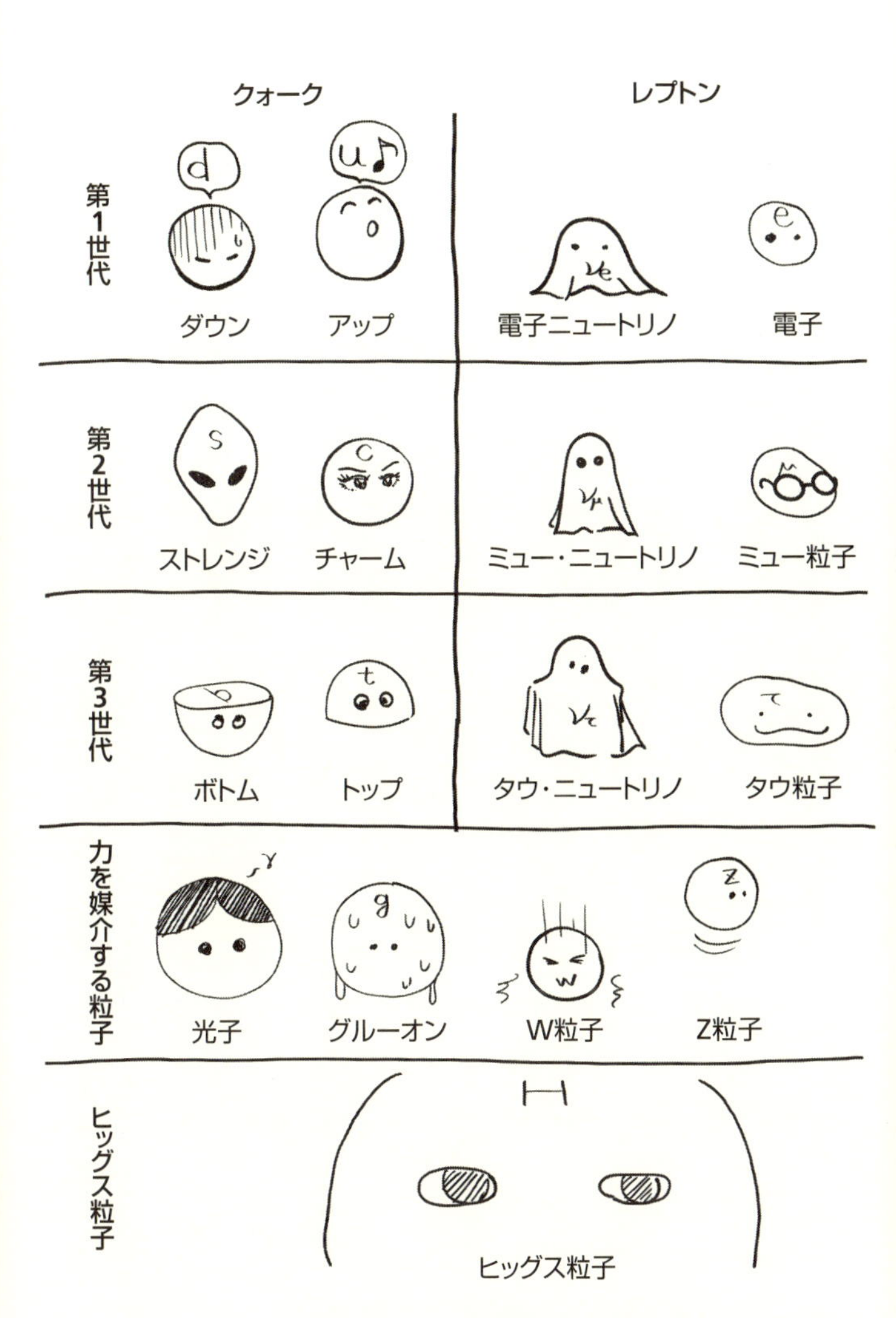

図1-2　これまでに見つかった素粒子（重力子をのぞく）

２０１７年現在知られている素粒子の仲間（図１－２）を全部紹介するには、もう少々粒子名を並べていかないといけません。無秩序で聞き慣れない粒子名にもう少しおつきあいください。新粒子に命名した研究者に、ネーミングのセンスがあるとは限らないのです。

電子にも仲間の素粒子が見つかりました。「μ（ミュー）粒子」と「τ（タウ）粒子」です。これらの粒子はどれも電子と同じ電荷を持ちます。

電子、ミュー粒子、タウ粒子から、電荷を取り除いて中性にしたような素粒子があります。「電子ニュートリノ」「ミュー・ニュートリノ」「タウ・ニュートリノ」の３種です。電荷と一緒に質量も取り除いたことになって、３種のニュートリノは質量がほぼゼロです。わずかに質量があるようですが、まだ測定に成功していません。

３種のニュートリノと、それに電荷を付け加えた電子、ミュー粒子、タウ粒子の６種は合わせて「レプトン」と呼ばれます。

５種の媒介粒子とヒッグス粒子

クォークやレプトンといった素粒子は、互いに電磁気力や重力といった力を及ぼします。

原子核の内部のようなごく短距離で働く核力や、電子を電子ニュートリノに変えたりする奇妙な力もあります。

　素粒子の間に働く力には、その力を媒介する粒子が存在します。力が働くときにはその媒介粒子が飛ぶと解釈するのが素粒子理論の考え方です。例えば電子とクォークの間に電磁気力が働くことは、電磁気力の媒介粒子が電子からクォークへ、クォークから電子へ飛び、受け取られることだと見做（みな）すのです。

　電磁気力を媒介する粒子は「光子」です。光（電磁波）の放射は光子という粒子を発射することだと説明されますが、それと同じ粒子です。光子は電磁波の放射や電磁気力が働くときに活躍します。

　重力を媒介する粒子は「重力子」というわかりやすい名前で呼ばれます。これについては観測的な研究が進んでいません。なにしろ重力波が２０１５年に発見されたばかりです。ほとんどの研究者は重力子が存在するものと考えていますが、観測的証拠はまだありません。未発見なので図１-２には入れていません。

　原子核内で核子の間に働き、原子核を安定させている核力は、「グルーオン」という粒子に媒介されます。グルーは「のり」という意味で、核子どうしを接着していることから命名されました。

ニュートリノに働く力は「弱い力」というはなはだ紛らわしい名前がつけられています。何に比べて弱いかというと、核力に比べて弱い力です。核力は「強い力」とも呼ばれます。弱い力を媒介するのは「W粒子」と「Z粒子」の2種類の粒子です。

これら5種の媒介粒子はやはり素粒子と見做されます。

最近、新しい素粒子が発見されました。「ヒッグス粒子」です。ヒッグス粒子はW粒子とZ粒子に質量を与える働きがあります。

素粒子の大統一理論

今のところ、(重力子を除いて)これらが実験的に確かめられた素粒子です。つまり発見された素粒子です。6種のクォーク、6種のレプトン、それらの間の力を媒介する5種の粒子、質量をもたらすヒッグス粒子をまとめたものが図1-2です。(細かいことをいうと、これらの粒子のほとんどには反粒子が存在しますが、図には載せていません。)

これらの素粒子の間に働く力や、素粒子の結合によってどのような複合粒子ができるかを説明する理論は、おおむね完成していると考えられています。素粒子の「大統一理論」

という、たいそう立派な名前の理論です。

そしてその大統一理論によれば、原子核を構成する部品である陽子や中性子には平均寿命があって、やがては崩壊するというのです。

カミオカンデの憂鬱

ノーベル賞をもたらした、かわいい「カミオカンデ」

素粒子は、大きさがないともいえる極微（ミクロ）の粒子ですが、それを見たり探したりするために巨大な実験装置がいくつも建造されています。スイスとフランスの国境にある世界最大の粒子加速器ＬＨＣは、全周が27キロメートルあります。

そういう世界の巨人に比べると、岐阜県神岡鉱山の地下にある「カミオカンデ」はかわいい規模です。その本体は、直径15・6メートル、高さ16メートルのタンクです。中には３０００トンの水が入っています。

しかしこのかわいいカミオカンデとその拡張版「スーパーカミオカンデ」は、２０１７年現在で二つのノーベル物理学賞を受賞した、先端的な素粒子実験装置なのです。（スーパーカミオカンデの水タンクは容量5万トンで、やや大型です。）

カミオカンデはユニークな手法で素粒子の物理を探ります。地下の暗闇におかれた水に1000個の光検出器を向け、水が光るのをひたすらじっと待つのです。

水という物質は酸素と水素の化合物です。1個の水分子は1個の酸素原子と2個の水素原子からなります。原子は陽子やら電子やら中性子といった粒子が集まってできていて、つまり3000トンの水には約10^{33}個の電子と陽子と中性子が含まれています。膨大な数です。

この膨大な数の粒子のどれか1個にでも何か異変が起きたら、素粒子の異変はたいがい光の放出をともなうので、放たれた光が1000個の光検出器のどれかに感知されます。検出器の信号から、そのとき生じた粒子の種類やエネルギーや速度がわかり、それがすでに人類が知っている素粒子反応なのか、それとも初めて目にする特異な反応なのか（ある確率で）わかるのです。

この、水タンクと光検出器を用いる単純な装置が、かわいいカミオカンデ（とスーパーカミオカンデ）です。

陽子の寿命が尽きるのを見届ける装置

大統一理論は、陽子や中性子などの核子が寿命10^{30}〜10^{34}年で崩壊し、電子や「π(パイ)粒子」という粒子などに変化することを予言します。

この崩壊反応はきわめて稀で、私たちが日常気づくことはありません。これまでに行なわれたどんな素粒子実験や放射線測定でも検出できないほど珍しい現象です。さもなければ、陽子や中性子でできている私たちの体は見るまに放射線を放って壊れていくでしょう。

陽子の寿命が10^{34}年なら、1個の核子を観察して崩壊するのを見るまでには、10^{34}年ほど待たなくてはなりません。地球が生まれて46億年、この宇宙は始まって以来138億年といわれていますが、それより遥かに長い時間です。大雑把にいって、宇宙年齢の1兆倍の1兆倍です。宇宙が始まってからこれまでずっと眺めていても、陽子が崩壊するかどうか確かめることはできません。

しかしもし10^{33}個の陽子を同時に見張ったならば、話は変わってきます。この数なら、1年待てば、1個以上の陽子が崩壊する確率は10パーセントです。5年待てば50パーセントです。もし陽子の寿命が10^{30}年なら、1年待つだけで95パーセントの確率で陽子の崩壊が見られます。

つまり、膨大な数の核子を準備することによって、きわめて稀な事象である核子崩壊を観測できるのです。これがカミオカンデの建造目的です。

その名「カミオカンデKamiokaNDE」の「ンデNDE」は「核子崩壊実験Nucleon Decay Experiment」という意味でつけられました。

3000トンの水をひたすら監視

カミオカンデは、宇宙から来る粒子「宇宙線」の影響を抑えるため、神岡鉱山の廃坑道を利用して、地下1キロメートルに建造されました。水タンクの内壁には、浜松ホトニクス製の光センサー約1000個がびっしり取りつけられ、中には純水が貯えられました。

カミオカンデは1986年に稼働を開始しました。つまり、何もせずに水が光るのをじっと監視し始めました。（細かくいうと、1983年から試験稼働を行ない、装置をアップグレードしたカミオカンデⅡ（ツー）が1986年に稼働しました。）

灯りのない、地下1キロメートルの坑道は、ヒトの目には暗闇ですが、鋭敏な光検出器は次々と光子を捉え、信号を発します。ただしそのほとんどは、ノイズだとか雑音と呼ばれる、無意味な信号です。

ノイズを取り除くと、何らかの粒子が水タンクを通過したときの反応が残ります。2秒に1回ほどの率で、高エネルギーの粒子が水タンクを通過し、光検出器に痕跡を残します。これが全部陽子崩壊で生じた粒子反応ならば嬉しいですが、残念ながらほぼすべてが陽子崩壊とは無関係です。

そういう高エネルギー粒子の多くは、ミュー粒子と、地下の放射性物質に由来する放射線です。

宇宙からやってきた「宇宙線」が地球大気に衝突すると、ミュー粒子が生成され、これが地表に雨あられと降り注ぎます。私たちも日夜これを浴びて暮らしています。地下1キロメートルまで届くミュー粒子は少ないのですが、それでも2秒に1個程度のミュー粒子がカミオカンデに捉えられます。

ミュー粒子と放射線の信号を除くと、ニュートリノという粒子がタンク内の電子や核子と反応して作る信号が残ります。ニュートリノは、質量はゼロに近く、電荷はなく、反応性が低く、地球をも易々と通り抜ける粒子です。こうしている間にも私たちの体を1秒に1兆個ほどのニュートリノが貫いています。

ニュートリノは、太陽の内部で生じて地球まで飛んでくるもの、近隣の原子炉の反応で作られて地中を走り神岡鉱山まで届くもの、宇宙線が地球大気と反応して生じるもの、宇宙のどこかの超新星爆発で生成されるものなど、起源はさまざまと思われます。

カミオカンデや私たちの体を通過するニュートリノの数は膨大ですが、10^{30}個の核子のどれかと反応して検出されるものはごくわずかです。1日〜2日に1個というところです。

そして、どうもカミオカンデで測定すると、太陽から飛来するニュートリノは、太陽の核融合反応から予想される量の3分の1程度しかないようなのです。これは何を意味するのでしょうか。（先走って答をいうと、これは「ニュートリノ振動」という新しい物理現象の現われでした。）

もしや大統一理論は間違ってるんじゃないか

いや、ニュートリノの反応はさておき、まずはカミオカンデの本来の目的である陽子の崩壊です。

ノイズを除去し、ミュー粒子の反応を捨て、ニュートリノと思われる反応を除くと、陽子崩壊反応の候補が残るはずです。

しかし大統一理論の予想に反して、そういう反応は検出できませんでした。

陽子崩壊か、それともニュートリノなど既知の反応なのか、判断の難しい信号はちらほら見つかるのですが、それをもし陽子崩壊に数えても、やはり理論の予想値には足りません。

学会や研究会のたびに、陽子崩壊と解釈できないこともない信号の検出がいくつか報告されます。しかし確かに陽子崩壊と判定できる信号は出てきません。カミオカンデの新しい結果のトラペがスクリーンに投影されると、今回もネガティブな結果です。会場にはまたかという雰囲気が広がります。（余談ですが、当時はマイクロソフト社のパワーポイントはまだなく、学会発表には「トラペ」〈トランスペアレント・シート〉と呼ばれる透明なシートを準備して、「オーバー・ヘッド・プロジェクタ」という装置を用いてスクリーンに投影しました。トラペは手書きのものも多く、作成者によっては判読に苦労しました。）

１９８６年には検出装置がアップグレードされ、カミオカンデⅡと改名されました。検出効率が向上し、結果の精度は高まった（と関係者は主張する）のですが、やはり陽子崩壊は見つかりません。

陽子崩壊が見つからないだけではありません。検出されるはずの太陽ニュートリノも少ないのです。これは世界の他のニュートリノ実験でも同様です。

本当にこの装置は正しいのでしょうか。どこかのケーブルが1本ゆるんではいないでしょうか。解析プログラムにバグが隠れていることはないでしょうか。

もしも装置に設計ミスがあったら、税金を費やして作った以上、責任が生じます。（もっとも、カミオカンデの建設費はある種の巨大装置よりもかなり少額なのですが。）

チームは装置と計算を何度も見直しましたが、間違いは見当たりません。

装置に間違いがないなら、おかしいのは大統一理論の方でしょうか。陽子の寿命は10^{30}～10^{34}年よりも長いのでしょうか。

もし陽子の寿命が予想よりも長くて、大統一理論が外れなら、誰が困るかというと、誰も困りません。素粒子理論の研究者、いわゆる理論屋は、長寿命の陽子を説明するように理論を修正するという仕事ができます。

また、理論が間違っていることを示すことができたら、そういう実験もまた成功といえます。理論の予想が正しいことを示す実験よりも、理論を覆す実験の方が、実験屋と呼ばれる研究者にとっては面白味があります。

カミオカンデは世界の研究者の首を傾(かし)げさせながら稼働を続け、陽子の寿命を徐々に延ばしていきました。

そんなとき、カミオカンデのデータの正しさを証明する信号が宇宙からやってきます。

超新星1987A

カミオカンデのデータに世界が驚愕

今から16万年前、大マゼラン星雲に属する星が一つ、超新星爆発を起こして吹き飛びました。

超新星爆発とは、質量の大きな恒星が寿命の最期に起こす、宇宙最大規模の爆発です。その明るさは太陽の100億倍にもなります。略して単に「超新星」と呼ぶこともあります。

超新星爆発は恒星の最期ですが、同時に、中性子星という特異な星の誕生でもあります。質量の大きな恒星は、核融合反応で輝くうちに、核融合反応を起こさない元素である鉄を中心部に溜めていきます。溜まった鉄の塊は、限界量を超えると、一気にくしゃっと潰れ、超高密度物質に変化します。恒星中心部の鉄の塊が超高密度物質に変化する際、その衝撃で、恒星の外層は爆発的に宇宙空間に弾け飛びます。これが（重力崩壊型）超新星爆発のメカニズムです。

爆発後には、超高密度物質がポツンと残されます。私たちの太陽よりも質量が大きく、半径が10キロメートルほどしかないこの超高密度物質は、中性子星と呼ばれます。（中性子星がさらに潰れてブラック・ホールになる場合もあります。）

さて16万年前の超新星爆発は、大量の熱と光と、それからニュートリノを放出しました。鉄の塊が潰れて超高密度物質に変化する反応は、ニュートリノを生成するのです。

光とニュートリノは（ほぼ）光速で宇宙空間に広がっていき、16万年かけて地球に到達しました。

光のうちごくわずかな割合が、たまたま大マゼラン星雲に向けられていた望遠鏡に飛び込み、焦点面のフィルムを感光させ、あるいは接眼レンズを覗いていた人間の眼に入って視細胞を刺激し、大マゼラン星雲の異変を知らせました。１９８７年２月23日（協定世界時）、科学史に残る晩のことです。

大マゼラン星雲の16万年前の超新星爆発は、ただちに人間（のうち天文学者や天文ファンと呼ばれる人種）の間に知れ渡ることになり、「超新星１９８７Ａ」と名づけられました。図１‐３に示します。

図1-3 超新星1987A

左:大マゼラン星雲中の超新星1987A。1987年3月8日(爆発の13日後)に撮影。
右:同じ領域を爆発前の1984年2月5日に撮影したもの。矢印で示す恒星が爆発した。
提供:Australian Astronomical Observatory, photograph by David Malin

16万光年離れている大マゼラン星雲は、広大な宇宙のスケールからすると、ごく近くです。宇宙的には裏庭といっていいくらいです。そういう裏庭で超新星が爆発するのは、50年〜100年に1度くらいの珍しい出来事で、天文学者にとっては生涯に出会えるか出会えないかという幸運です。

そしてこの100年は、観測装置が目覚ましく進歩を遂げた100年です。巨大な光学望遠鏡、電波望遠鏡、人工衛星に搭載されたX線望遠鏡などの最新観測装置の群れが、この100年に1度のチ

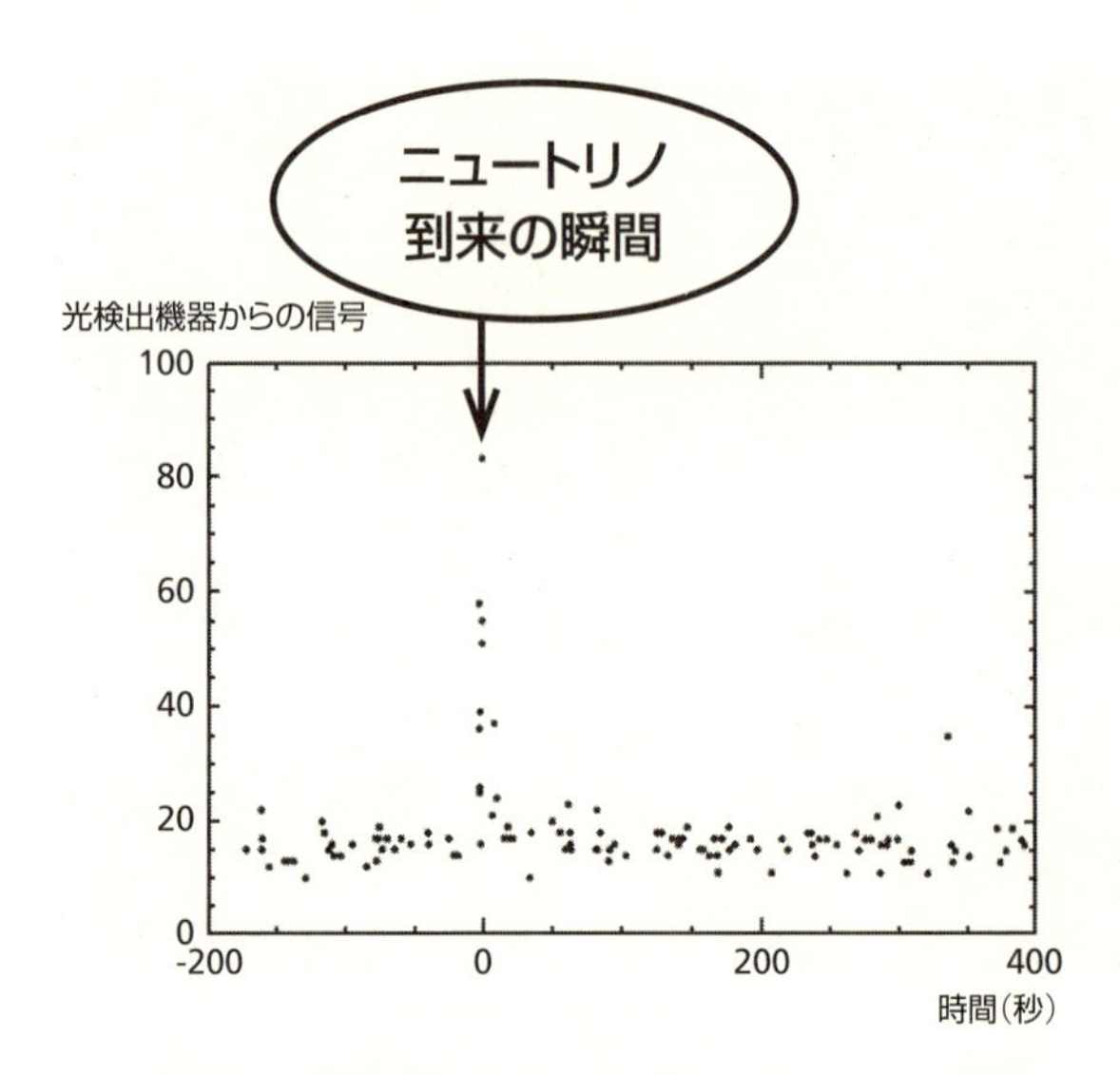

図1-4 超新星1987Aからのニュートリノ到来

検出時刻を0秒としてある。ニュートリノが到来した13秒間に光検出器からの信号が増加している。
M. Koshiba, et al., 1988, "Proton decay experiment and neutrinos from supernova(KAMIOKANDE-II)," in ESA, Space Science and Fundamental Physics, SP-283, 177 より。

ャンスを待っていたのです。たちまちあらゆる観測装置が1987Aに突きつけられ、データを貪欲に取り始めました。(ただし大マゼラン星雲は南天にあるので、北半球の天文台は観測できないものも多いです。)

そしてそういう観測装置の中でも最も風変わりな部類である、地下1キロメートルに設置されたカミオカンデのデータを調べたところ、2月23日

7時35分35秒から13秒にわたって、11個〜12個のニュートリノが大マゼラン星雲から飛来し、水タンク内で反応したことが記録されていました。図1-4はこの歴史的な瞬間のデータです。

世界中を驚愕させた大発見です。

ニュートリノ天文学の誕生

遠くのものであれ、近隣であれ、これまで超新星の観測は、可視光や電波など、電磁波で行なわれていました。超新星に限らず、ほぼ全ての天体現象は、電磁波を用いて研究されてきました。それがニュートリノという、電磁波とは異なる素粒子を用いて、超新星爆発を初めて捉えたのだから、このことがまず第一に人々を驚かせました。

カミオカンデは、超新星爆発が7時35分35秒（の16万年前）に起きたことを明らかにしました。これは可視光などの望遠鏡では逆立ちしても得られない情報です。電磁波の望遠鏡は、超新星爆発の外層を見ているのに対し、ニュートリノはその奥の、爆発の中心の超高密度物質から放射されているためです。ニュートリノを観測することにより、電磁波ではとても得られない爆発の中心が手にとるようにわかるのです。これが第二の驚きです。

ニュートリノの検出は、(重力崩壊型)超新星爆発が本当に中性子星の形成で起きることを証明しました。中性子星形成が超新星爆発を引き起こすことは、理論的には正しいと思われていましたが、観測によって証明することは困難でした。しかし超新星1987Aは、このメカニズムを異論の余地なく証明したのです。

カミオカンデは、超新星1987Aという天体現象をニュートリノで直接観測し、中性子星形成の物理を明らかにしました。

これはもうニュートリノ天文学が始まったといっていいでしょう。カミオカンデはニュートリノ望遠鏡です。

うまいことと変更された「ンデ」の意味

超新星1987Aからのニュートリノを見事に検出したカミオカンデには、予算も振る舞われ、後継機の建設も始まります。

水タンクの容量を5万トンに増やし、光センサーも1万3000本に増量したスーパーカミオカンデが1996年に稼働を開始しました。

ただしスーパーカミオカンデの「ンデ」は、「核子崩壊実験(Nucleon Decay

Experiment)」の略から少々変更され、「ニュートリノ検出実験（Neutrino Detection Experiment)」の意味が付け加えられました。なかなかうまいですね。

カミオカンデとスーパーカミオカンデはどちらもノーベル物理学賞を当てています。大変に性能のよいノーベル賞生産装置です。

超新星1987Aからのニュートリノは、カミオカンデを作った小柴昌俊東大名誉教授（1926-）に2002年のノーベル物理学賞をもたらしました。別のニュートリノ検出器の開発者レイモンド・デイヴィス（1914-2006）との共同受賞です。

スーパーカミオカンデはニュートリノ振動という現象を捉え、その功績で2015年に梶田隆章東大教授（1959-）にノーベル物理学賞をもたらしました。

ニュートリノ振動

ニュートリノには電子ニュートリノ、ミュー・ニュートリノ、タウ・ニュートリノの3種があります。

太陽の核融合反応で、あるいは宇宙線と大気との反応で、あるいは原子炉の核反応で、電子ニュートリノが作られてはほぼ光速で飛び去っています。この電子ニュートリノは飛んでいる最中にミュー・ニュートリノに、またわずかな割合ですがタウ・ニュートリノに変化します。

これは「ニュートリノ振動」という現象で、ニュートリノに質量がある証拠となります。ニュートリノが質量ゼロでない場合だけ、ニュートリノ振動が起きるからです。

電子ニュートリノとミュー・ニュートリノではカミオカンデのような検出装置で検出できる割合がちがいます。電子ニュートリノが飛んでいる途中でミュー・ニュートリノに変化すると、検出装置で捉えることができなくなり、検出される数が減ってしまいます。

この現象は超新星1987Aより前から知られていたのですが、ニュートリノ振動によるものなのか、別の物理現象なのか、はたまたカミオカンデの検出能力に問題があるのか、諸説あって定まらなかったのです。

けれども1987Aからのニュートリノ検出に成功したことで、検出装置に問題がなく、原因がニュートリノ側にあることがはっきりしました。

そして正しいのがニュートリノ振動説であることを決めたのがスーパーカミオカンデだったのです。これが梶田教授のノーベル賞受賞理由です。

ところで陽子崩壊はどうなった？

ニュートリノ研究が二人もノーベル賞受賞者を輩出すると、まるでカミオカンデとスーパーカミオカンデがニュートリノ検出用に建造されたかのような気がしてきますが、しかしいったい最初の目的の陽子崩壊はどうなったのでしょうか。

現在では、陽子の寿命が10^{30}年〜10^{34}年で、かつニュートリノに質量はないという、最初の大統一理論の予想は誤りだったと考えられています。

スーパーカミオカンデはその高い能力で陽子寿命を測定し、10^{34}年程度以上という値を出しています。

それでは大統一理論そのものが誤りなのかというと、そうともいいきれません。大統一理論に「超対称性」を持ち込む、「ヒッグス機構」を加える、等々の修正をほどこすことで、理論を生き延びさせることができます（が、紙数の都合でここで詳しく紹介できないのが残念です）。

そうやって修正を加えた大統一理論の新たな予測では、陽子の寿命はさらに桁が増え、スーパーカミオカンデの次のハイパーカミオカンデを使わないと、検証は難しくなっています。つまり大統一理論は否定も実証もできない状態がさらにしばらく続くと思われます。

素粒子物理学の理論はああいえばこういう、柔軟というか、なかなかにしぶといものなのです。

タブー2

ブラック・ホール大爆発

ブラック・ホールは、強大な重力で何でも吸い込む宇宙の穴ぼことして知られている、奇妙な「存在」です。

アルベルト・アインシュタイン（1879-1955）の相対性理論から導かれたものですが、あまりに奇妙なので、最初は机上の空論と見做されたほどです。

その奇妙なブラック・ホールにスティーヴン・ホーキング・ケンブリッジ大教授（1942-）が爆弾的な新説を投じました。何でも吸い込むはずのブラック・ホールは次第に縮み、最後に爆発するというのです。

これはいったい本当でしょうか。研究者は砂糖に群がる蟻のようにこの新説を吟味し、議論し、そして深刻な問題を見つけました。ブラック・ホールが爆発するなら、ブラック・ホール内の情報が失われ、それとともにエントロピーも消失してしまうのです。

エントロピーとはいったい何でしょうか。どうしてそれが消失するのが悩ましい問題なのでしょうか。結局ブラック・ホールは爆発するのでしょうか、しないのでしょうか。

奇妙な天体の発見

始まりは相対性理論

アインシュタインはさまざまな分野に名を残していますが、とりわけ有名なのが相対性理論です。１９０５年に発表した「特殊相対性理論」と、その10年後に発表した「一般相対性理論」を合わせて、「相対性理論（相対論）」と呼び、これは現在最も正確に時間と空間と重力について記述する物理学理論です。（ただしどうも完全ではないことは判明していて、それは本書のテーマの一つです。）

相対論そのものも奇妙な理論ですが、それが記述するブラック・ホールは特に不可解な代物です。相対論がすぐに受け入れられた一方、相対論が予言するブラック・ホールを研究者がいかに嫌悪し、否定し、それでも証拠を突きつけられて渋々認めたかという歴史についても簡単に触れましょう。

アインシュタインによると、私たちの暮らすこの時間と空間（合わせて「時空」）は、伸びたり縮んだりしわが寄ったりするものです。

しわの寄った時間と空間なんか見たことがない、と思われるかもしれませんが、時空は案外簡単に伸び縮みするものです。質量があるだけで、その影響で周囲の時間がゆっくりになり、空間が伸びます。

例えば地球は一つの巨大な質量です。時空の伸び縮みを絵に表わすのは難しいですが、なんとか表わしてみたのが図2-1です。質量近くの時間はゆっくり進むので、地球の表面におかれた時計は、計算すると、質量の影響がゼロの場合に比べて1億分の8ほどゆっくり進みます。地球の影響を受けない遠くにおかれた時計が1秒進んでも、地球表面の時計は1秒に1億分の8秒ほど足りません。

さらに、地球の周囲の空間が伸びるため、月の軌道から地球の表面に長い長い釣糸をたらすと、月と地球の間の長さに加えて、20センチメートルほど余計に糸が必要になります。

こうして伸び縮みしてしわの寄った時空を物体が横切ると、真っ直ぐ進めずに軌道が曲がります。月は軌道が曲がって地球を周回し、リンゴやボールの軌道は放物線を描いて地面にぶつかります。これが重力というものだ、というのがアインシュタインの主張です。

物体が重力に引かれるとはつまり、質量の影響で伸び縮みした時空の中で物体の進路が曲

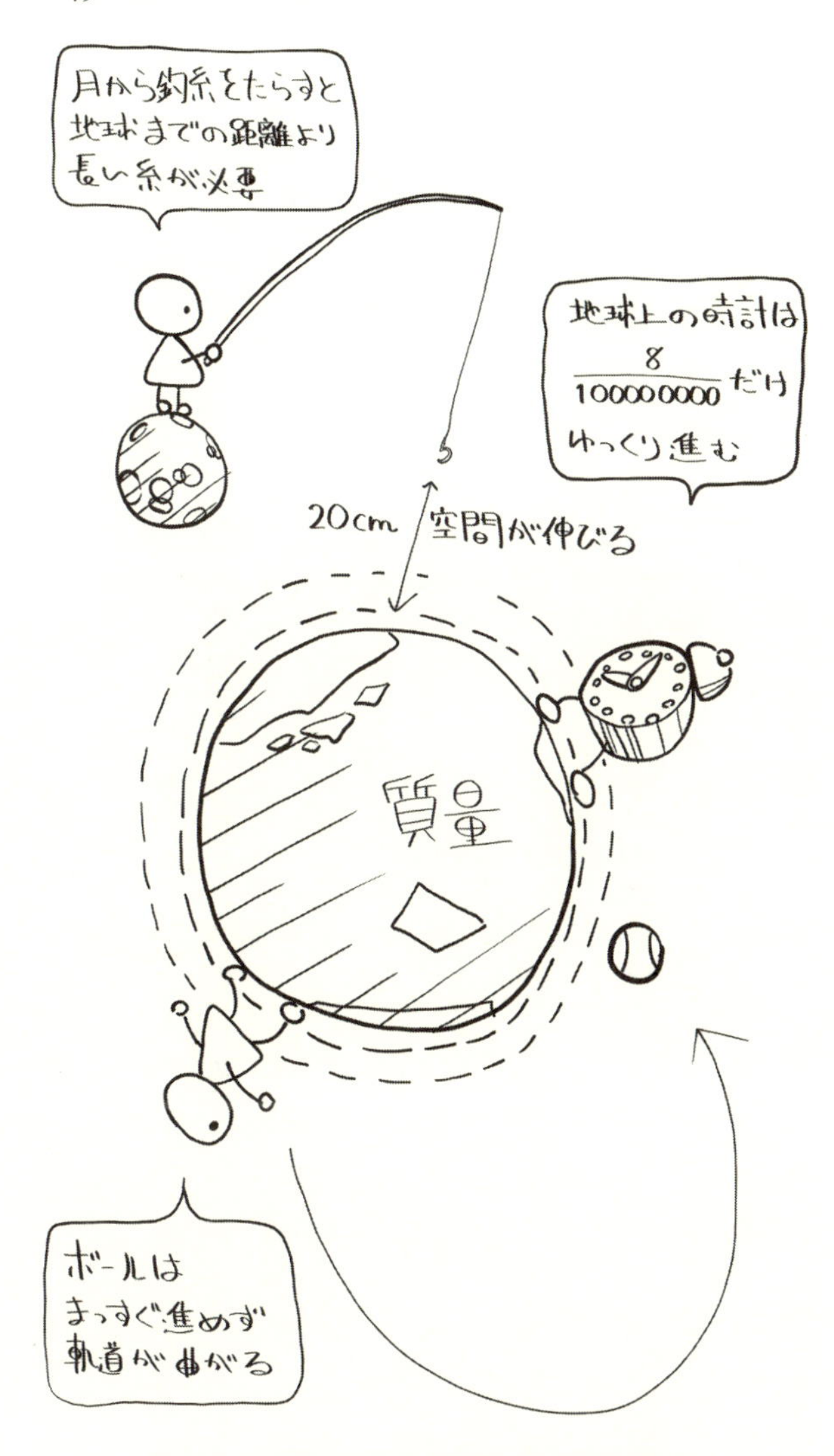

図2-1 重力の正体は時空の伸び縮み

がることなのです。

相対論は太陽の近くを通る水星の軌道計算などに応用され、正しいことが確かめられました。太陽の近くのように重力がきわめて強いところでは、ニュートンの万有引力の法則ではうまくいかず、相対論が必要になるのです。相対論は宇宙を正しく記述する理論なのです。

重力が計算できるシュヴァルツシルト解

相対論は高等数学を用いる難解な理論ですが、発表されると世界中の頭脳がこれに夢中になって取り組みました。

その一人、ドイツの天文学者カール・シュヴァルツシルト(1873-1916)は、相対論の方程式を満たす解を一つ発見しました。

シュヴァルツシルト解と呼ばれるその式は、質量を持つ点「質点」がその周囲の空間に作る重力を表わすものでした。広い宇宙では地球も太陽も点のような存在なので、地球や太陽が作る重力を計算するのにシュヴァルツシルト解は大変役立ちます。(前述の、地球表面の時計や、月から地球にたらす釣糸の長さは、シュヴァルツシルト解を用いて計算しました。)

アインシュタインが一般相対論を発表したのは第一次大戦のさなかでした。当時、シュヴァルツシルトは将校としてロシア戦線にいました。戦場でシュヴァルツシルト解を考え出し、アインシュタインに手紙を出しますが、皮膚病が悪化して死亡します。シュヴァルツシルトが遺した解が、ブラック・ホールと呼ばれることになる存在をも記述していることが明らかになるのは後のことです。

シュヴァルツシルトが長生きしていたら、ブラック・ホールの研究にも貢献したことは疑いありません。戦争によって破壊された宝石のような才能の一つです。

ブラック・ホールなんてないだろう論

シュヴァルツシルト解や、質点の自転を考慮した「カー解」などの相対論の解は、重力場の中心、質点の周囲で、時空が極度にゆがむ様子を記述しています。

極度にゆがんだ時空の中での物体の振る舞いは、不可思議としかいいようがありません。落下運動する物体は、質点に近づくにつれ、経過時間がどんどんゆっくりになり、また空間は伸び、そのため質点からある距離のところで落下が停止してしまうように観察されます。

「何じゃそりゃ」と思われるでしょうが、当時の研究者もそれを聞いて「何じゃそりゃ」と思いました。

落下が停止するところは「シュヴァルツシルト半径」あるいは「事象の地平線」というカッコいい名で呼ばれ、常識外れの現象がさまざま生じます。

例えばシュヴァルツシルト半径のところで「脱出速度」が光の速度に等しくなります。脱出速度とは、その速度でボールを放り投げると、重力を振りきって無限遠方へ飛んでいってしまう速度です。突然ボールを放り投げる話がでて何のことかと思うかもしれませんが、ボールを放り投げるとその場所の重力を測ることができるのです。

地球の表面だと脱出速度は約11キロメートル/秒で、この速度より遅いボールは地球の重力に引かれてやがて落ちてきますが、11キロメートル/秒超で上に投げられたボールは宇宙の彼方へ飛んでいきます。

シュヴァルツシルト半径より内側では、脱出速度が光速を超えてしまいます。光速を超える物体はこの世に存在しないので、結局シュヴァルツシルト半径よりも内側でボールをどれほど勢いよく投げても、カーブを描いて質点近くへ舞い戻ります。光さえも戻ってし地球上でボールを投げると……

もしも地球が半径9mmに縮んだら……

図2-2 ブラック・ホールからは光も脱出できない

まうので、外から観測すると、質点は、半径がシュヴァルツシルト半径に等しい真っ黒な球に見えます（と、当時は思われました）。見えないブラック・ホールを図2-2にお見せします。

一方、地球や太陽近くを観察しても、物体の落下が停止したり光が舞い戻ったりするような異常なことは起きません。おかしな現象が起きるシュヴァルツシルト半径よりも、地球や太陽がずっと大きいからです。

地球のシュヴァルツシルト半径を計算すると約9ミリメートルになるので、もし地球の質量はそのままで半径が約9ミリメートルまで縮んだら、そのミニ地球に落下する物体は途中で停止し、半径約9ミリメートルの地球表面は真っ黒に見えるでしょう。太陽なら半径約3キロメートルまで縮むとそういう効果が現われます。

ちょっと後の命名ですが、シュヴァルツシルト半径以下にまで圧縮された真っ黒な物体は「ブラック・ホール」と呼ばれます。

宇宙にある通常の物質からなる物体や天体は、ブラック・ホールになるほど圧縮されることはないだろう、と当時の人々は夜空を眺めて考えました。落下が停止したり、脱出速度が光速を超えたりするような天体は机上の空論で現実には存在しないと思われました。

19歳青年の奇怪な説「星が潰れる」

と、世の中の研究者が安心している1930年、インドから英国に向かう船上で、19歳の青年が夢中になって紙に数式をのたくらせていました。天文学の長老たちを震撼させ、後にはブラック・ホールの存在を認めさせることになる数式です。青年の名はスブラマニアン・チャンドラセカール（1910－1995）、留学のために英国に向かう途上でした。

チャンドラセカールは「白色矮星」という星の内部について考察しました。白色矮星は質量が太陽ほどもありながら、大きさが地球程度しかない、高密度の天体です（が、ブラック・ホールほど高密度ではありません）。白色矮星は、当時知られている中で、最も強い重力のもとで圧縮されている物体でした。

物質というものは、空気でも水でも鉄でも白色矮星内部の物質でも、圧縮するとそれに反発する圧力が生じます。物質の硬さはこの圧力で決まります。ちょっと圧縮しただけで大きな圧力が生じる物質は硬く、どんどん圧縮してもほとんど圧力が変わらないのが軟らかい物質です。

ほんの数年前に作られた最新の物理学理論である量子力学を、白色矮星内部の物質に応用し、チャンドラセカールはその圧力を計算しました。得られた結果は驚くべきものでした。

もしも白色矮星の質量が大きいと、強い重力が白色矮星をぎゅうぎゅう圧縮し、白色矮星物質は圧縮の果てに、かえって軟らかい性質に変化してしまいます。

このメカニズムをきちんと理解するには、量子力学と相対論の両方が必要ですが、ここでは大雑把に説明します。

物質が圧縮されると、物質を構成している粒子が狭い空間に詰め込まれます。白色矮星物質の場合、問題となる構成粒子は電子ですが、量子力学によると、電子を狭い空間に詰め込んでいくと、徐々に電子のエネルギーが高くなっていきます。

白色矮星物質のように極度に高い密度では、電子のエネルギーが高くなりすぎ、運動速度が光速に近くなります。そうなると、白色矮星物質は光速に近い粒子を集めたガスのような性質を持つようになります。光速に近い粒子からなるガスは、圧縮してもさほど圧力が変わりません。つまり、これは通常よりも軟らかい物質なのです。

チャンドラセカール青年の計算が正しければ、こうなった白色矮星は、反発力の支えを失い、自らの重力に耐えかねて、潰れてしまいます。

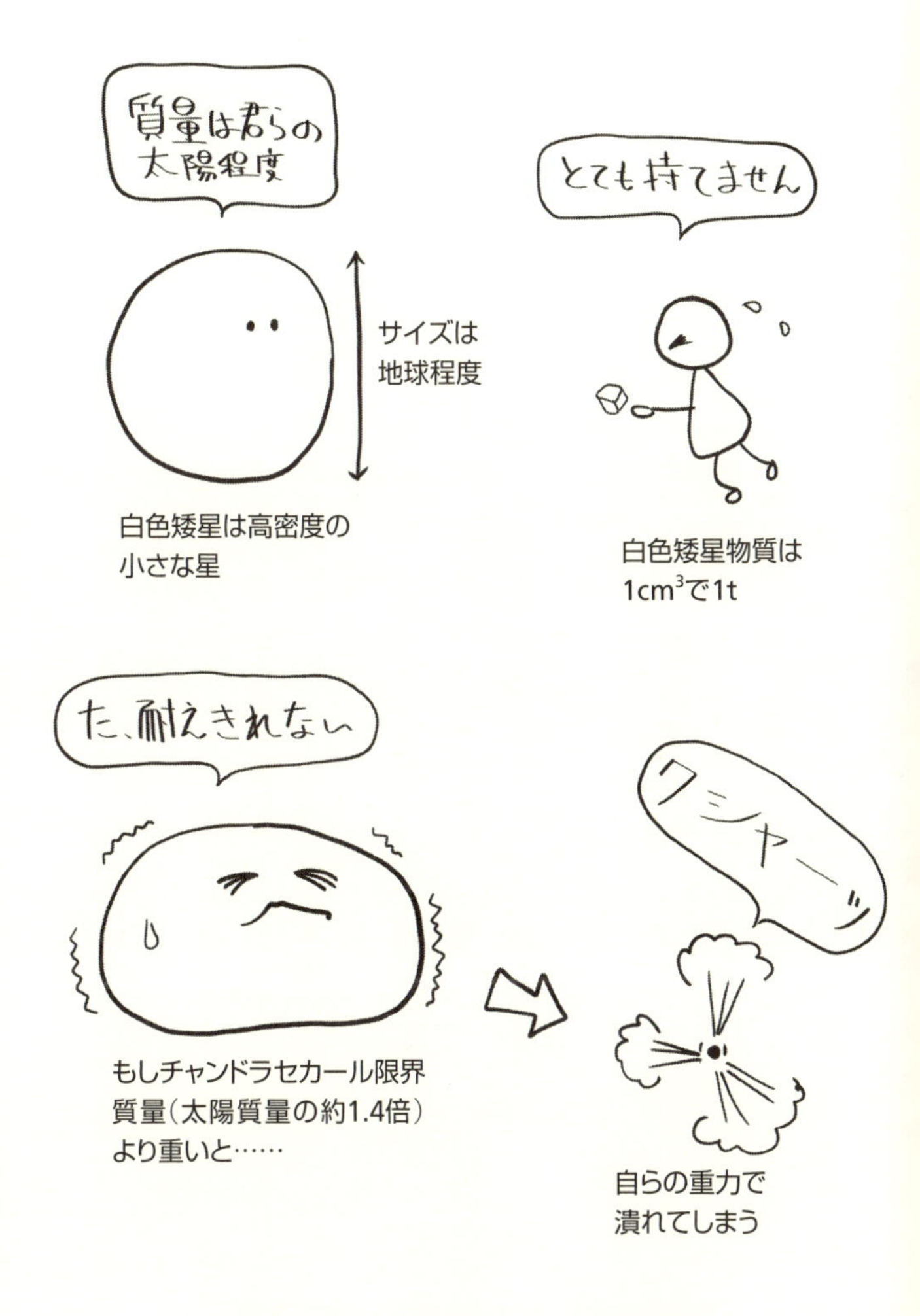

図2-3 チャンドラセカール限界質量

この計算が導かれたとき、チャンドラセカール青年は船室で興奮に打ち震えたことでしょう。これは宇宙の姿を解き明かす結論です。

このような破局に至るのは、ある限界値よりも質量が大きな白色矮星だけです。宇宙にたくさん転がっているような、それより軽い白色矮星は、いつまでも存続できます。計算によれば、この、星が存続できる限界値「チャンドラセカール限界質量」は、私たちの太陽の質量の約1・4倍です（図2-3）。

チャンドラセカールの理論は白色矮星以外の星の内部にも当てはまります。普通の恒星も、タブー1に登場した「中性子星」というさらに高密度の星も、どれも質量に限界があります。限界以上の星は、燃料を使い果たすと存続できずに潰れます。

ぴったりな呼び名「ブラック・ホール」

星が潰れるというチャンドラセカール青年のアイディアは研究者の猛反発にあいました。星が潰れて点状の何物かになってしまうというシナリオは、異常で不自然なものに思われました。天体物理学の大御所がチャンドラセカールに公式の場で反対し、人々は偉い学者が反対するからにはチャンドラセカールの説には誤りがあるのだと思い込みました。

先輩、師匠、長老たちの反対にあったチャンドラセカール青年は、白色矮星の研究からしばらく遠ざかってしまいます（が、人類にとって幸いなことに、宇宙物理そのものをあきらめることはありませんでした）。

しかしその後、チャンドラセカールの論理に誤りは見つかりませんでした。星は潰れる前に、何らかの自然のメカニズムが働いて、潰れる運命を免れるのだと反対者は論じましたが、そのようなメカニズムは見つかりませんでした。

どう計算しても、自らの重力によって潰れた星は点にまで縮んでしまい、そうするとその質点はシュヴァルツシルト解かカー解で記述される不可思議な存在になり果てるのです。宇宙にはそういう天体のなれの果ての真っ黒な穴が浮いている、という結論になります。研究者の中には、転向して、この不思議な穴の存在を受け入れる者が増え始めました。

そういう転向者の一人、一般相対論の大家ジョン・アーチボルト・ホイーラー（1911-2008）は、「ブラック・ホール」といううまい呼び名を1967年に講演で用いました。最初にこう呼んだのはホイーラーではないという指摘もありますが、この講演をきっかけに、「ブラック・ホール」はたちまち世界中の人口に膾炙することになりました。

存在を裏付ける天体がぼこぼこ見つかる

そしてとうとう、ブラック・ホール存在の証拠が見つかり始めます。

１９６０年代に見つかった「白鳥座Ｘ－１」という天体は、太陽質量の10倍以上もありながら、きわめて小さいことがわかりました。

また「クエイザー」や「電波銀河」という天体は、電波や可視光などをバリバリ放射していて、そのエネルギー源は、ガスを呑み込むブラック・ホールとしか考えられません。

私たちの住む天の川銀河の中心部に位置する「射手座Ａ*」は、太陽質量の４００万倍もあるのに、望遠鏡で観測すると、そこには何もないように見えます。これは「ブラック・ホールを見た」と言ってもよいでしょう。

２０１５年には、最新かつ決定的な証拠が得られました。重力波検出器ＬＩＧＯがブラック・ホール同士の衝突・合体による重力波放射を捉えたのです。この成果は、１００年の宿題だった重力波の検出を果たし、同時にブラック・ホールの実在を確定するもので、世界中を驚かせました。

現在では、ブラック・ホールの実在を疑う研究者はほとんどいません。チャンドラセカール青年の結論は、理論物理学の美しい成果として、今では教科書に載っています。

エントロピーとホーキング放射

ブラック・ホールがエントロピーを持つんだって?

話を1970年代に戻しますが、ブラック・ホールがひょっとしたら実在するかもしれない、という期待が高まると、その理論的な研究が盛んになりました。ブラック・ホールを実験室で調べることはできないので、チャンドラセカールのようにペンを使って、純粋な論理の力を用いてその性質を導くのです。

1972年、アメリカのプリンストン大の大学院生ヤコブ・デヴィッド・ベッケンシュタイン(1947-2015)は、インクと紙を消費した末に、ブラック・ホールが「エントロピー」を持つという珍説を博士論文として発表します。(注1)

ブラック・ホールという奇妙な存在を受け入れた研究者にとってさえ、ベッケンシュタインの主張は常識外れに思えました。

ちなみにベッケンシュタインの指導教官は、「ブラック・ホール」を流行語にしたホイーラーです。

エントロピーとは「知ることができない情報の量」

さてここで「エントロピー」とはいったい何物か、疑問が湧き起こることでしょう。説明を試みますが、宇宙からもブラック・ホールからもしばらく遠ざかる、7ページほどの寄り道となります。もし道に迷ったら、飛ばしてかまいません。

難解で抽象的な物理学用語は多々ありますが、聞かれると説明に最も困る単語を投票したら、エントロピーはチャンピオン有力候補です。エントロピーは、(ブラック・ホールと無関係な)熱力学、統計力学、量子力学、情報理論などの物理学分野に登場し、それぞれ別々の役割を与えられています。そしてどの分野の定義も、他の定義と微妙に相違していて、「エントロピー」と同じ名で呼ばれなければ同じ物理量について記述されているとは気づかないほどです。

こういう、説明に困る状況は、人類がエントロピーという物理量を真に理解していないことの表われかもしれません。

エントロピーという物理量は、「知ることができない知識や情報の量(の対数)」として説明されます。いったい何のことでしょうか。

例えば、箱の中にコインが入っているとします。中を覗くことはできません。すると外の観測者にとって、中のコインの状態が「裏か表か」は、知ることができない知識や情報です。この箱は中に知識や情報を隠しているので、エントロピーを持ちます。

この知識や情報を物理学の対象として扱うには、数値に直さないといけません。中のコインの状態は裏か表の2通りなので、この情報の量は2（の対数）です。対数を用いるのは、さまざまな計算を楽にするためですが、本書ではほとんど計算はでてこないので、対数がうろ覚えならかっこ内は無視してもかまいません。この箱は2（の対数）という量のエントロピーを持つことになります。

気体分子10個が入った箱の、状態は何通り？

箱の中のコインの例は教育的ではありますが、あまり物理学の問題らしく聞こえません。そこで次に、1立方メートルの箱に気体の分子が10個ほど入っている例を考えましょう。物理学らしくいうと、粒子10個の系です。物理学に登場する「系」とは、いくつかの物体の集まり、と考えて大体OKです。

コインなら裏か表の2通りの状態がありうることはわかりますが、箱の中であちこち飛び跳ねている粒子の状態が何通りありうるか、いったいどうやって数えればいいのでしょうか。

状態の数を数えるために、箱の中の粒子を写真に撮ることにしましょう。普通のカメラではなく、全ての粒子の位置と速度が記録できるカメラを仮定します。こういう超カメラで箱の内部を撮ると、あちこち飛び跳ねている粒子の像が写るでしょう。

2枚続けて撮ると、粒子の位置も速度も異なる別の写真が撮れるでしょう。この2枚は異なる2状態を映した写真です。何百枚も何千枚も撮ると、そういう異なる写真が何百枚も何千枚も得られます。

いや、状態の数は何千通りどころかもっともっとたくさんあります。いったい何通りでしょうか。それがわかればエントロピーが求められます。

箱の中に10個の粒子を閉じ込めると、その状態の数は（室温で）およそ10^{300}通りになります。10の肩に300がついていますが、これは通常の数字で表現すれば、1000000……と、1の次に0が300個並ぶ数です。

10^{300}は大変に膨大な数です。もしこの箱を1秒に1枚超カメラで撮影するとして、宇宙の始まりからずっと撮影し続けても、たったの10^{17}枚にしかなりません。まったく10^{300}に届かないのです。宇宙の観測可能な範囲いっぱいにこの箱を並べて、それを宇宙の始まりから

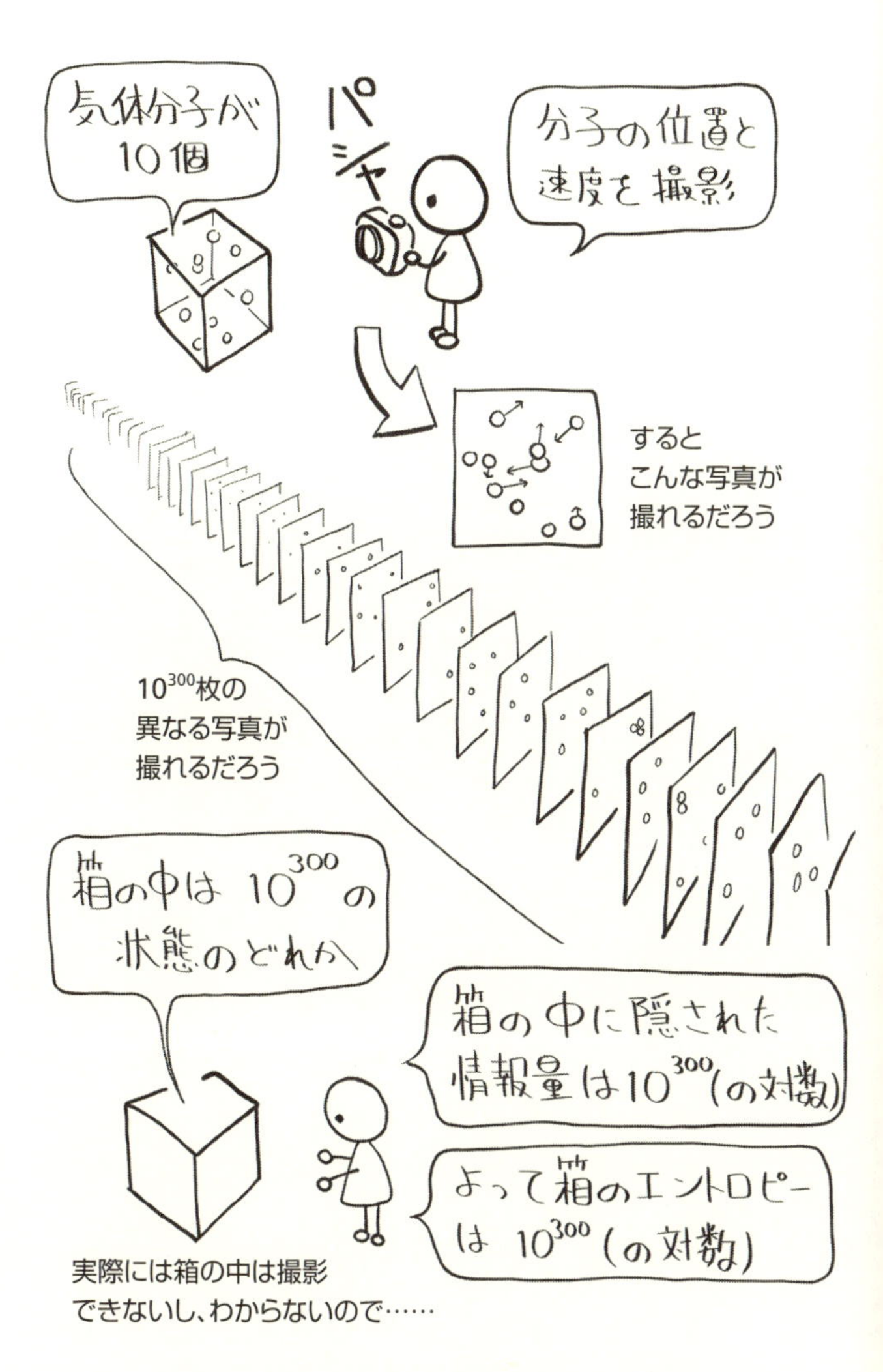

図2-4 気体分子入りの箱のエントロピー

撮影し続けたとしても、その枚数は10^{100}枚にも届きません。10^{300}はそれほど膨大な数なのです。たった10個の粒子を箱に入れると、箱のエントロピーは10^{300}（の対数）という膨大な量になります（図2-4）。

状態の数が無限にならないわけ

では、宇宙の年齢よりも長い時間をかけ、超カメラで10^{300}枚という超膨大な枚数の写真を撮り、箱の中の粒子のとりうる全ての状態を記録したとします。そこでさらにもう1枚写真を撮ると、どんな写真になるでしょうか。

新しい写真は、これまで記録した10^{300}枚の写真のどれか1枚と区別できないほど似たものになります。

粒子の位置と速度を両方とも同時に精確に測定することはできないという原理があるので、超カメラの撮る写真も無限に精確ではありません。粒子の像は少々ぼけて写ることになります。このぼけがあるために、ある写真に写る10個の粒子の位置と速度が、別の写真と区別できないことがあるのです。そして区別できる写真は無限の枚数にはならず、10^{300}枚しか撮ることができないのです。このぼけの大きさは「プランク定数」と呼ばれます。

粒子の位置と速度をプランク定数よりも精確に測定できないという原理は「不確定性原理」といって、量子力学の基本原理です。（量子力学の教科書に沿う表現だと、「粒子の位置の不確定性と、〈速度ではなく〉運動量の不確定性の積は、プランク定数〈6・6× 10^{-34} Ｊｓ〉よりも小さくできない」となります。）

この原理は測定装置の性能不足に由来するのではなく、ミクロな粒子の本性です。宇宙のどこでどんな測定装置を組み立てても、この原理は破れません。この世界はそのようにできているのです。

だいぶ話が飛躍しました。これまでをまとめると次のようになります。

・エントロピーは、知ることができない知識や情報の量（の対数）。
・系の状態が、何通りかの状態のうちどれかわからない場合、その系のエントロピーはありうる状態の数（の対数）。
・ミクロな粒子からなる系の状態の数は無限にはならない。量子力学の原理により、（区別できる）状態の数が決まる。

エントロピーは温度で変化する

系の状態の数、つまり系のエントロピーについて、もう一つの性質を述べておきます。エントロピーは温度によって変化するのです。

粒子の入った箱の温度が下がると、粒子は熱エネルギーを失い、飛び跳ねる速度が遅くなります。どんどん温度を下げると、しまいに粒子は静止します。物体が熱エネルギーを失って静止する温度を絶対0度といいます。絶対0度で粒子は箱の底に横たわり、互いにくっつきあいます。粒子がくっつきあう状態を結晶といいます。

つまり、絶対0度ならば、箱の中を覗かなくても、箱の中の粒子が動かなくなって結晶化していることがわかります。(結晶が箱のどこにへばりついているかとか、結晶の向きなどは考えないことにします。) 箱の中の状態が結晶1択なので、絶対0度ではエントロピーが1(の対数は0)になるのです。

この説明では、エントロピーと温度の関係を明らかにしたとまではいえませんが、関係があるということはわかっていただけるでしょうか。(正常な系では)温度が低ければエントロピーは小さくなり、絶対0度ではエントロピーは1(の対数の0)になります。

真っ黒な宇宙の穴ぼこ……というわけではない

これでようやくブラック・ホールの話に戻ることができます。

何でも吸い込む穴ぼこのようなブラック・ホールにエントロピーがあるなんてそんな莫迦な、とたいていの研究者は思いました。ホーキング教授も最初はそう思い、ベッケンシュタインのアイディアを一蹴しようとしました。

「もしブラック・ホールがエントロピーを持つなら温度も持つはずで、温度に応じた放射をするはずだ」と考えたホーキング教授はちょいちょいと計算してみました。そして自らの計算結果に興奮しました。ブラック・ホールの時空に量子力学を当てはめると、きわめて微弱ながら、放射がそこから漏れ出してくることがわかったのです。

本もあなたも電磁波を放射している

さて温度と放射はどういう関係があるのでしょうか。ブラック・ホールが温度を持つと、どうして放射もあると考えられるのでしょうか。エントロピー、温度、放射と話が飛んでいますが、あと1、2ページでつながります。

タバコも白熱電球も過去の遺物となりつつありますが、タバコの火のような摂氏800

度ほどの物体はオレンジ色の光を放ち、2000度〜3000度の電球のフィラメントは黄色っぽい光を放ちます。摂氏約6000度の太陽は直接目を向けられないほどまばゆい白熱光を放射します。

このように、（不透明な）物体は温度に応じて可視光などの電磁波を放ちます。温度が高いほど、放射は強く、その平均波長は短くなります。この放射は「黒体放射」と呼ばれ、物体の材質や形によりません。強さも平均波長（色）も温度だけで決まります。タバコの葉もタングステンのフィラメントも水素ガスも、同じ温度なら同じ黒体放射です。これは物理法則です。世界はそのようにできているのです。

こう聞くと、本や服や手足や身近な物体は温度だけで決まるそんな放射を本当にしているのかどうか、気になるかもしれませんが、答をいうと、黒体放射しています。ただし室温程度だと、黒体放射の平均波長は赤外線なので、ヒトの目には感知できません。一方、ヒトの目に見える本や服や手足の色は、外から照らした光の反射で、黒体放射ではありません。紙や服や手足の黒体放射を観測したければ、照明のない暗い部屋に入れて、赤外線カメラで撮像する必要があります。

温度と黒体放射は切っても切れない親密な関係があります。温度がある物体は黒体放射し、物体が黒体放射するならその温度がわかるのです。

ブラック・ホールの概念を変えた「ホーキング放射」

ブラック・ホールが温度を持つならば、通常の物体のように黒体放射をするはずだ、と考えたホーキング教授は、ブラック・ホールの黒体放射を理論的に求めることに成功します。

放射というものは、タブー1に登場した光子というミクロな粒子が無数に放出される現象です。無数の光子の振る舞いは、「量子場」あるいは「場の量子論」と呼ばれる量子力学で記述されます。

場の量子論によると、粒子の数は一定ではありません。その辺の空間から粒子が生まれてくることもあれば、逆に消滅することもあります。それどころか、粒子が何個あるのかはっきり定まらない状態も扱うことがあります。粒子というものは、実際に生まれたり消えたりするものなので、そういう量子力学が必要になるのです。

ホーキング教授が場の量子論をブラック・ホールのゆがんだ時空に当てはめてみると、シュヴァルツシルト半径から光子などの粒子が次から次へと生成されて飛び出してくるではありませんか。そしてこの量子力学的な放射は、ブラック・ホールが温度を持つと考えたときの黒体放射に一致するのです。

これが、光も吸い込む真っ黒なブラック・ホールのイメージを一変させた「ホーキング放射」です。

ブラック・ホールと宇宙、それぞれの最期

しまいには大爆発

ホーキング教授の大胆な推論はまだ続きます。ブラック・ホールが放射するだけでも意外ですが、ホーキング放射の結論はさらにショッキングです。

ブラック・ホールがしまいには爆発するというのです。

ブラック・ホールは温度を持ち、黒体放射します。その温度は、質量の小さなブラック・ホールほど高いことが導かれます。シュヴァルツシルト半径が小さいほどホーキング放射の平均波長は短く、そして黒体放射の平均波長が短ければ物体の温度が高いためです。

すると、もしブラック・ホールの質量が小さければ、その温度は高く、黒体放射は強い

ことになります。黒体放射によって光子がブラック・ホールから飛び去ると、その分、わずかながらブラック・ホールの質量が減ります。そのためわずかながら温度は高くなり、黒体放射は強くなるというのです。こうして質量の小さなブラック・ホールはますます小さくなり、放射を強めていきます。

長い長い時間の後には、ブラック・ホールは顕微鏡サイズにまで縮み、放射はきわめて強くなり、そしてとうとう爆発的に光子を放ってブラック・ホールは蒸発してしまいます。ブラック・ホールがエントロピーを持つというベッケンシュタインのアイディアからは、ブラック・ホールのホーキング放射が導かれ、そしてブラック・ホールが最期に爆発するという結論が得られるのです。図2-5のようなイメージを思い浮かべてください。

理論物理学業界も大爆発

ホーキング教授が『ブラック・ホール爆発?』(注2)という、科学論文にしてはずいぶん刺激的な題の論文を発表すると、(題のためばかりでなく)大反響が呼び起こされました。

そもそもブラック・ホール自体が非常識で奇妙な存在で、研究者はそれが実在することを何年もかけてようやく受け入れたのでした。それなのに今度はその真っ黒なブラック・

ホールが放射するというのです。そのうえ放射すると温度がますます上がっていくといいます。

じつは、放射するとかえって温度が上がるという性質は物体として異常です。タバコや白熱電球のフィラメントや本や服や手足などの普通の物体は、放射によって熱エネルギーを失い、そうすると（他から熱の供給がなければ）温度が下がります。温度が下がってやがて周囲と同じ温度になり、そこで温度変化が止まって安定します。けれどもホーキング教授の主張が正しければ、ブラック・ホールはエネルギーを失うほど高温になります。時間が経っても周囲と同じ温度にならず、安定しません。本当にこのような異常な存在が宇宙に許されるのでしょうか。（存在が許されないから最期に爆発してしまうという見方もできます。）

そしてこの驚きの結論は、量子力学を一般相対論に適用することによって得られたのでした。

ミクロな世界の物理法則である量子力学と、宇宙で役立つ一般相対論を、統合する新しい理論はまだできていません。が、まったく手付かずというわけではなく、さまざまな試みが提案されています。

かすかな光
ブラック・ホールからわずかに光子が出る
放射すると
質量が減る
まぶしくなってきた
ブラック・ホールの温度が上がり、
放射がますます強まる
ひゃあ
BANG!
最期には爆発する?

図2-5 ホーキング放射

ホーキング放射は、ブラック・ホールという一般相対論で記述される存在の量子力学的な性質を明らかにしたものです。これは量子力学と相対論の統合、とまではいえませんが、組み合わせだとはいえるでしょう。

量子力学と一般相対論をちょいちょいと組み合わせたところ、ブラック・ホールの放射とか爆発などという、大変に奇妙で意外な結論が導かれました。どうやら、量子力学と相対論を組み合わせると、わくわくする研究結果が次々飛び出してくる予感がします。これは人類の探求を待つ豊かで未開の分野といえそうです。ただしその探索はきわめて困難で、迷う人も続出です。

ブラック・ホールの熱力学

ブラック・ホールがエントロピーを持つというベッケンシュタインの主張と、放射の果てに爆発してしまうというホーキング教授の主張は、この分野への注目を急に高めました。この分野といっても、ブラック・ホールのエントロピーなんて代物を扱う分野はそれまでなかったわけで、新しい分野が勃興することになりました。エントロピーや温度を扱う物理学分野を「熱力学」というので、つまり「ブラック・ホール熱力学」の誕生です。

そして誕生したばかりのブラック・ホール熱力学は、深刻な問題をはらむことが、ホーキング教授自身によってただちに指摘されました。

ブラック・ホールの爆発は、量子力学の方法で記述できないのです。ブラック・ホールの生成と消滅にともなうエントロピーの変化が、私たちの用いている量子力学では扱えないのです。

物理学の未解決問題「情報パラドックス」

ブラック・ホールのエントロピーは、ブラック・ホール内の状態が外部の観測者に隠されていることを意味します。

ブラック・ホールからは光も脱出できないので、ブラック・ホールに落ち込んだ物質が内部でどのような状態になっているか、外部の観測者にわからないというのは、理に適っている気がします。

しかしブラック・ホールが爆発（あるいはもっと穏便な表現だと蒸発）すると、ブラック・ホール内に隠された情報は消滅してしまいます。ブラック・ホールのエントロピーも雲散霧消します。

読めない情報があってもなくても消滅しても、別にかまわないと思われるかもしれませんが、これは物理学にとっては大問題です。ミクロな粒子の集まりである系が、量子力学に従って時間変化しても、情報は消滅しないはずだからです。（量子力学において、情報が消滅するのは、系を測定したときだけです。タブー3で紹介します。）ブラック・ホールが生じて、ホーキング放射の果てに爆発するか蒸発し、その際に情報が消失するということは、ブラック・ホールの生成と消滅を量子力学で扱えないということを意味します。

この、ブラック・ホールの生成と爆発にともなって情報が消失するという「情報パラドックス」は、２０１７年現在でも解かれていない物理学の未解決問題の一つです。（そもそもブラック・ホールに量子力学を当てはめたらホーキング放射が導かれたのに、ホーキング放射の結果の爆発が、量子力学の手に余るとは、なんだかつじつまが合いません。）

情報パラドックスは、量子重力理論の完成によって解決されると想像されていますが、どうやったら解決できるのか、わからないことだらけです。

ブラック・ホールの情報パラドックスは未解決ですが、どのように解決されるか、いくつかアイディアが提唱されています。

例えば、ブラック・ホールは小さくなっても爆発や蒸発はしないで、最後に粒のような物が残ると考える研究者もいます。粒が残ることにすれば、量子力学を矛盾なくブラック・ホールに当てはめることができるという解法です。

あるいは、ホーキング放射は情報を含むのだと考える人もいます。要約することが難しいのですが、ブラック・ホールに隠された情報がホーキング放射によって外部にでてくれば、パラドックスを解消することができるだろうという説です。

ホーキング教授自身は、ブラック・ホールの爆発や蒸発によって、情報は失われてしまうと予想しています。そうだとすると、現在の量子力学は（基本的な部分を修正しなければ）ブラック・ホールに当てはめることができないことになります。この予想を支持する研究者も多数います。

これらのアイディアのうちどれが正しいのか、あるいは全然別の結論が得られるのか、今のところわかっていません。

タブー6で詳しく触れますが、量子重力理論が完成してこの問題が解決するとき、おそらく人類はエントロピーという物理量についての新しい理解に到達すると思われます。そのときにはもしかしたら、もっと平易にエントロピーについて説明できるようになるかもしれません。

宇宙の終焉はどんなものか

さてブラック・ホールがどのような最期を遂げるか、果たして爆発するかどうかという問題は、実はこの宇宙の将来に関わってきます。

私たちは天の川銀河という星の大集団に住んでいます。天の川銀河には、私たちの太陽のような恒星が数千億個ほど属しています。（天の川銀河には「銀河系」という別名があります。「銀河」に「系」をつけただけですが、これでも固有名詞です。紛らわしいので本書ではあまり使わないことにします。）

この天の川銀河の中心には、すでに述べたように、射手座A*（エースター）という超巨大ブラック・ホールが存在しています。その質量は私たちの太陽の４００万倍ほどと見積られています。

この超巨大ブラック・ホールは、最初は小型（といっても私たちの太陽よりも重い）ブラック・ホールとして誕生しましたが、他の小型ブラック・ホールと合体したり、恒星やガスを呑み込んだりして、現在の質量に成長したと推定されています。

射手座A*は今後もどんどん物質を取り込んで成長を続けるでしょう。太陽の４００万倍どころか、1000万倍、1億倍、10億倍……と肥え太っていくと思われます。遠い将来には、私たちの天の川銀河の物質は、星もガスも小型ブラック・ホールも暗黒物質も、全て超巨大ブラック・ホールに吸収されてしまうでしょう。（天の川銀河は、あと数十億年ほどでアンドロメダ銀河と衝突・合体すると予想されていて、全ての物質が単純に射手座A*に吸収されるわけではないのですが、ストーリーはほとんどちがいません。）

天の川銀河は、無数に存在する銀河の一つです。宇宙の観測可能な範囲には、数千億の銀河が散らばっています。そういう無数の銀河の中心には、やはり超巨大ブラック・ホールが鎮座していて、その銀河の物質を貪り喰らっていることが観測からわかっています。やがて銀河はどれも超巨大ブラック・ホールに呑み込まれてしまい、宇宙には超々巨大ブラック・ホールだけが残ると予想されています。

この章ではブラック・ホールからのホーキング放射を論じてきました。しかしこのホーキング放射というものは量子力学的な効果で、つまりとても微弱です。超巨大ブラック・ホールが銀河を呑み込む過程にはほとんど影響をもたらさないでしょう。

ホーキング放射が影響をもたらすのは、宇宙が超々巨大ブラック・ホールばかりになった後、しばらく経ってからです。

宇宙空間は電磁波で満たされていて、これは「宇宙背景放射」と呼ばれます。宇宙背景放射は超巨大ブラック・ホールに降り注ぎ、超々巨大ブラック・ホールからは微弱なホーキング放射がちょろちょろでているという状況がしばらく（10^{30}年ほど）続くでしょう。

この宇宙は膨張しているため、宇宙背景放射は徐々に弱まっていきます。

超々巨大ブラック・ホールからのホーキング放射よりも宇宙背景放射が弱まると、超々巨大ブラック・ホールが蒸発し始めます。ホーキング放射によってエネルギーを失い、ゆっくりと痩せていきます。

超々巨大ブラック・ホールがすっかり蒸発するまでには長い時間がかかります。おそらく10^{100}年ほどかかるでしょう。

10^{100}年後、痩せ細ったブラック・ホールがどうなるかは、情報パラドックスの解決法によります。

もし最期に爆発するならば、ブラック・ホールは次々に爆発して消滅し、宇宙には微弱な放射だけが残るでしょう。この空っぽに近い宇宙は、10^{100}年や10^{300}年どころではなく、永遠に膨張を続けるでしょう。

もし蒸発後に何らかの粒子が残るなら、宇宙はあちこちにそういう残留物が浮かぶことになるでしょう。ほとんど空っぽの宇宙はやはり永遠に膨張を続けるでしょう。

なんだか寂寞(せきばく)たる未来図ですが、私たちの現在の知識に基づくと、これが宇宙の運命です。

将来、物理学に変更が加えられ、この未来図が修正されることはありえます。けれども、何であれ終焉というものは寂しいものなので、宇宙の終焉が楽しいものに修正される見込みは薄いのではないでしょうか。

タブー3

エヴェレットの多世界解釈

原子や分子や素粒子といった、極微（ミクロ）の物体を扱い、ミクロの世界を記述する方法である量子力学は、測定結果を確率で予測します。測定の瞬間、ミクロの物体は説明不可能な状態変化を起こすとされています。収束と呼ばれるこの状態変化がどうして起きるのか、まともに説明できた物理学者はまだいません。

例えば1957年、大学院生のヒュー・エヴェレット三世（1930-1982）は論文で「測定とは世界が分裂することだ」という説を提唱し、大きな議論を巻き起こしました。

世界が分裂するだなんてたいていの科学者は大反対ですが、量子計算理論のパイオニアであるデイヴィッド・ドイッチュ（1953-）など有名な科学者が支持を表明したりもしています。およそ60年経った今でも、どちらが正しいか結論はでていません。

量子力学の誕生

身近な物理法則が通じない世界

量子力学は100年ほど前に創始された比較的新しい物理学で、それまでの常識を粉砕するまったく新奇な原理に基づきます。あまりにも非常識で新奇な原理なので、それを見いだした研究者たち自身も目を白黒させ、戸惑い、激論を戦わせました。当時最高の頭脳による論争は量子力学を発展させ、豊かにすることに役立ちましたが、中にはいまだに万人を納得させる決着の得られていない議論もあります。

これから紹介するのは「観測問題」と呼ばれる、量子力学の根本原理に投げ掛けられた疑問です。量子力学の誕生の直後から指摘されてきましたが、約100年経ってもまだ熱い議論が続いています。量子力学はその根本原理に未解決の問題を含んでいるのです。

この地球や私たちの身体や周りの物体は、1ミリメートルの100万分の1程度の大きさの原子という粒でできています。

こういう原子や、原子がくっついてできている分子や、電子・クォークなどの素粒子といったミクロな世界の物理法則は、マクロで身近な世界の物理法則と全然勝手がちがいました。それまで人類が築きあげてきた科学の常識がまるで通用しないのです。

1925年7月、デンマークはコペンハーゲン大に所属していたヴェルナー・カール・ハイゼンベルク（1901-1976）は、「行列力学」を発表しました。これは電子や原子の振る舞いを説明する理論ですが、はなはだ抽象的で難解で、イメージを描きにくいものでした。それで結局ミクロな世界はどうなっているのと聞きたくなります。

行列力学の抽象的で難解な詳細は教科書（例えば、朝永振一郎、1952『量子力学I』、みすず書房）に譲りますが、その考え方を一言か二言で紹介してみましょう。（一言か二言で理解できるとは期待しないでください。）

ハイゼンベルクの手法では、まず問題となるミクロな物体の物理量に「フーリエ変換」という数学的処理を施して「振幅」に変換します。電子や原子の振る舞いは「量子条件」に従うことが知られているのですが、量子条件は「行列」の計算に対応させることができます。つまり、物理量の振幅を用いて行列を作ると、量子条件が行列の計算規則として表現できるのです。電子や原子の物理量は行列で表わされ、その振る舞いは行列の計算で予測される、というのが行列力学の（抽象的で難解な）主張です。

ハイゼンベルクは、ミクロの世界に日常の常識やイメージやモデルを安易に当てはめてはならない、という思想を持っていました。電子や原子などのミクロの物体について確実にいえるのは、測定して得られた値だけであって、ミクロな世界の物理法則はそういう測定値の間の関係を記述するものであるべきだというのです。

量子力学はまるで禅問答

大変ごもっともで高潔な考えですが、世の中行列や高等数学を苦もなく操る抽象的思考に長けたハイゼンベルクのような人ばかりではありません。私たち凡人には、イメージしやすい原子のモデルもあった方がありがたいです。

続いて翌1926年1月、オーストリアのエルヴィン・ルドルフ・ヨゼフ・アレクサンダー・シュレディンガー（1887-1961）は、電子の振る舞いを説明するもう一つの理論、「波動力学」を発表します。こちらも相当難解ですが、行列力学よりはまだイメージが描きやすく、扱いやすい理論で、イメージに頼らざるをえない私たち凡人は助かります。

さらにシュレディンガーは、波動力学と行列力学が実は等価であることを示しました。同じ内容を別の数学で表現したものなのです。現代の量子力学は、この二つの理論を統合して発展させた体系です。そうやって形を表わしてきた量子力学は、いくつもの非常識な

・電子や原子や素粒子のようなミクロな物体は、粒子でありながら波動の性質を持つ。

主張を含んでいました。その第一は、次のように言い表わされます。

……まるで禅問答です。解説を試みましょう（図3－1）。

粒子とは、他と独立して存在するもので、1個、2個と数えることができます。少なくとも、私たちの日常世界に転がっている米粒や豆やビー玉などの粒子はそうです。

一方、日常において、例えば水面のさざ波や、浜辺に押し寄せる波、音などは波動です。波動は、ひたひたと空間を満たして進んでいき、障害物があってもその後ろに回り込み、穴が2個あれば2穴ともに通り抜けます。

波動には山と谷（音ならば空気の密度の高い場所と低い場所）があります。波動どうしがぶつかると、山と山が重なるところでは強まり、山と谷が重なると弱まります。この強まったり弱まったりを「干渉」といいます。

ミクロな物体は、粒子として1個、2個と数えることができるばかりでなく、ひたひたと空間を満たして進み、干渉します。

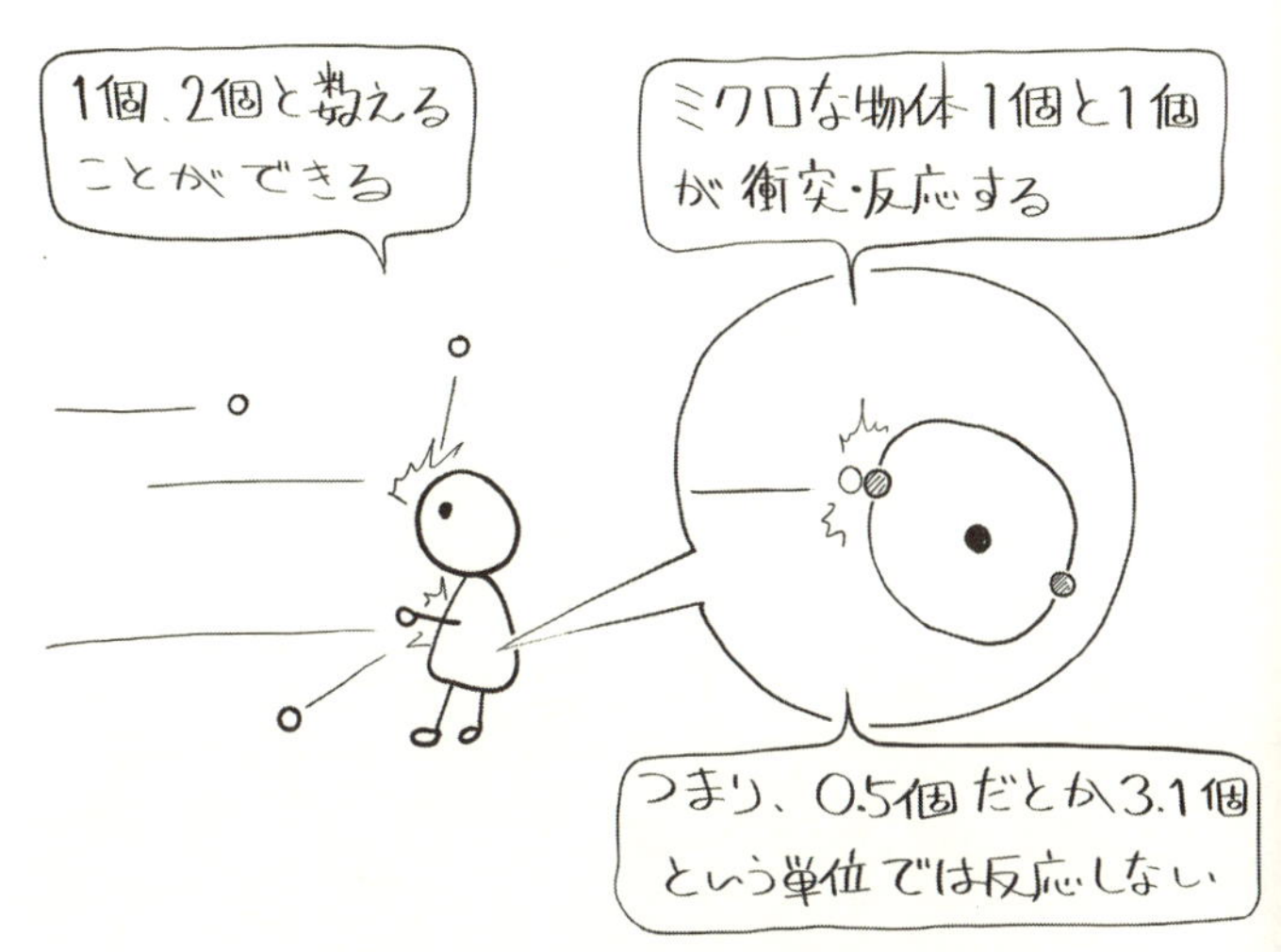

光や素粒子などのミクロな物体は粒子である

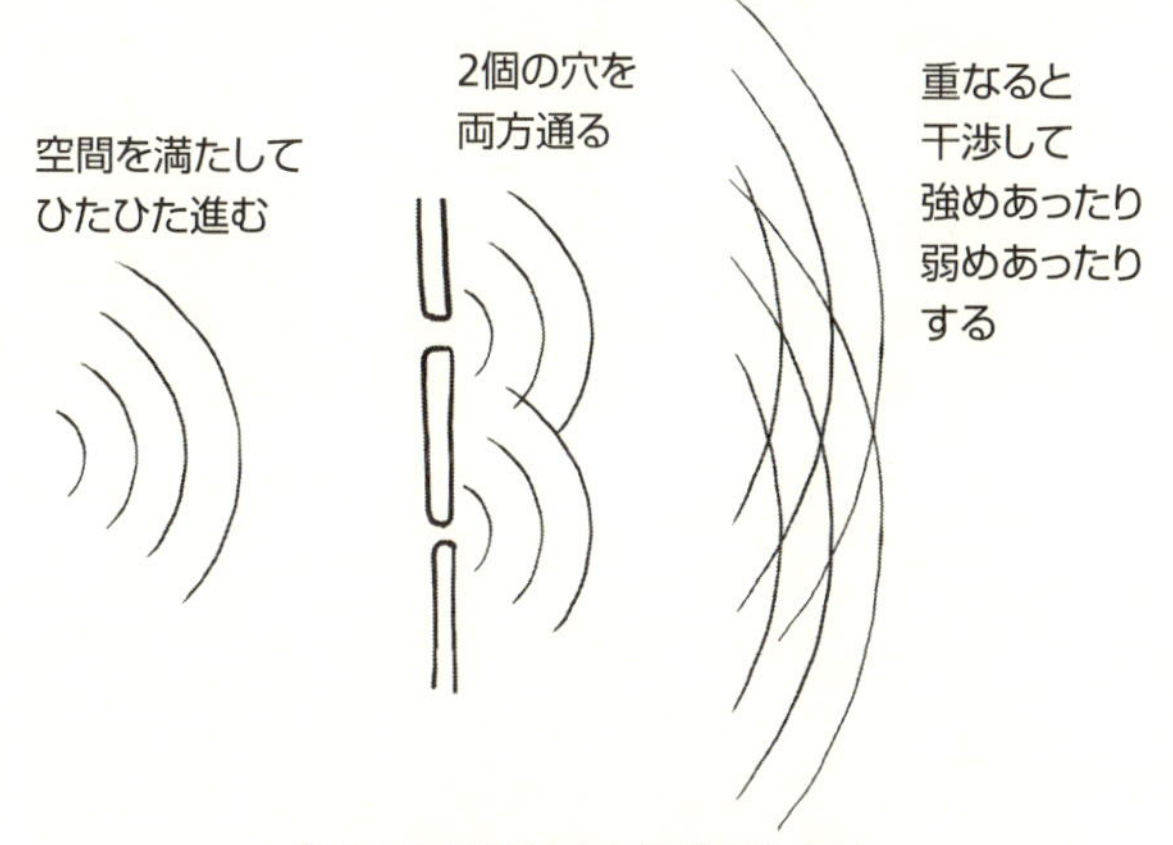

ミクロな物体はまた波動でもある

図3-1
ミクロな物体は粒子でありながら波動の性質を持つ

粒子1個だけが進む場合でも空間を満たすのが、ミクロ粒子の常識外れなところです。途中に障害物があれば後ろに回り込み、穴が2個あれば2穴ともに通り抜けるとして軌道を計算しなければならないのです。ミクロ粒子の波動にも山と谷があり、ぶつかると強めあったり弱めあったり干渉するのです。その軌道や干渉はシュレディンガーの波動方程式で計算できます。

粒子なのに波動の性質を持つとは何だ?

さてそれで、粒子でありながら波動の性質を持つとは、結局いったいどういうことなのでしょう。例えば電子という粒子の波動性とは何を表わすのでしょう。波動が空間を薄く広く満たしているとき、電子の何が空間を薄く広く満たしているのでしょう。電子の質量でしょうか、電荷でしょうか、それとも別の何かでしょうか。(別の何かが正解です。)

シュレディンガーの考案した波動方程式によって、研究者は電子の振る舞いを予測する道具を手にいれましたが、その道具でどうして予測できるのか、よくわからなかったのです。

波動力学の発表から半年後の1926年7月、ドイツのマックス・ボルン（1882-1970）が「確率解釈」を発表し、粒子の波動関数が何の波動なのか、一つの解答をだします。（これが本章のテーマです。）2年後の1928年には英国のポール・エイドリアン・モーリス・ディラック（1902-1984）が量子力学と特殊相対論を組み合わせることに成功します。ほんの数年のうちに天才物理学者による発見が矢継ぎ早に発表され、ミクロの世界の物理法則が確立します。こうして量子力学の枠組みが完成しました。

ふしぎなコペンハーゲン解釈

ボルンが発表した確率解釈は、コペンハーゲン大のニールス・ヘンリク・ダヴィド・ボーア（1885-1962）がその正当性を精力的に布教したため、「コペンハーゲン解釈」という（カタカナ入りのカッコいい）名で呼ばれます。カッコいいので本書でもこの名を採用します。

ボーアはコペンハーゲン解釈に懐疑的なアインシュタインとやりあい、また、シュレディンガーを執拗に説得しました。シュレディンガーがボーアのもとに滞在したときには、病気にかかって寝込んだシュレディンガーの枕元でコペンハーゲン解釈の正しさを認めるように迫ったのを、当時ボーアの助手だったハイゼンベルクが目撃しています。恐ろしい論客です。

コペンハーゲン解釈は、現在正当と見做されている量子力学の基本原理であり、量子力学の非常識な主張の第二です。

・粒子の波動関数は、その粒子がその位置で検出される確率を表わす。
・粒子が検出されると、波動関数は検出結果に収束する。

1個、2個と数えられるのが粒子ですが、数えるためには例えば粒子検出器をどこかに設置することになります。粒子検出器とは、その中に粒子が飛び込んでくると電気信号などを発して知らせる装置です。図3-2のように、検出器は粒子の波動がひたひたと空間を満たしてやってくるのを待ち受けます。(量子力学で扱う波動関数は複素数の振幅を持つのですが、そういう話はここではばっさり略して説明します。)

波動関数は位置によって強弱のちがいがあって、そちらでは強くあちらでは弱くなっています。強いところでは粒子が検出される確率が高く、弱いところでは低い、というのが

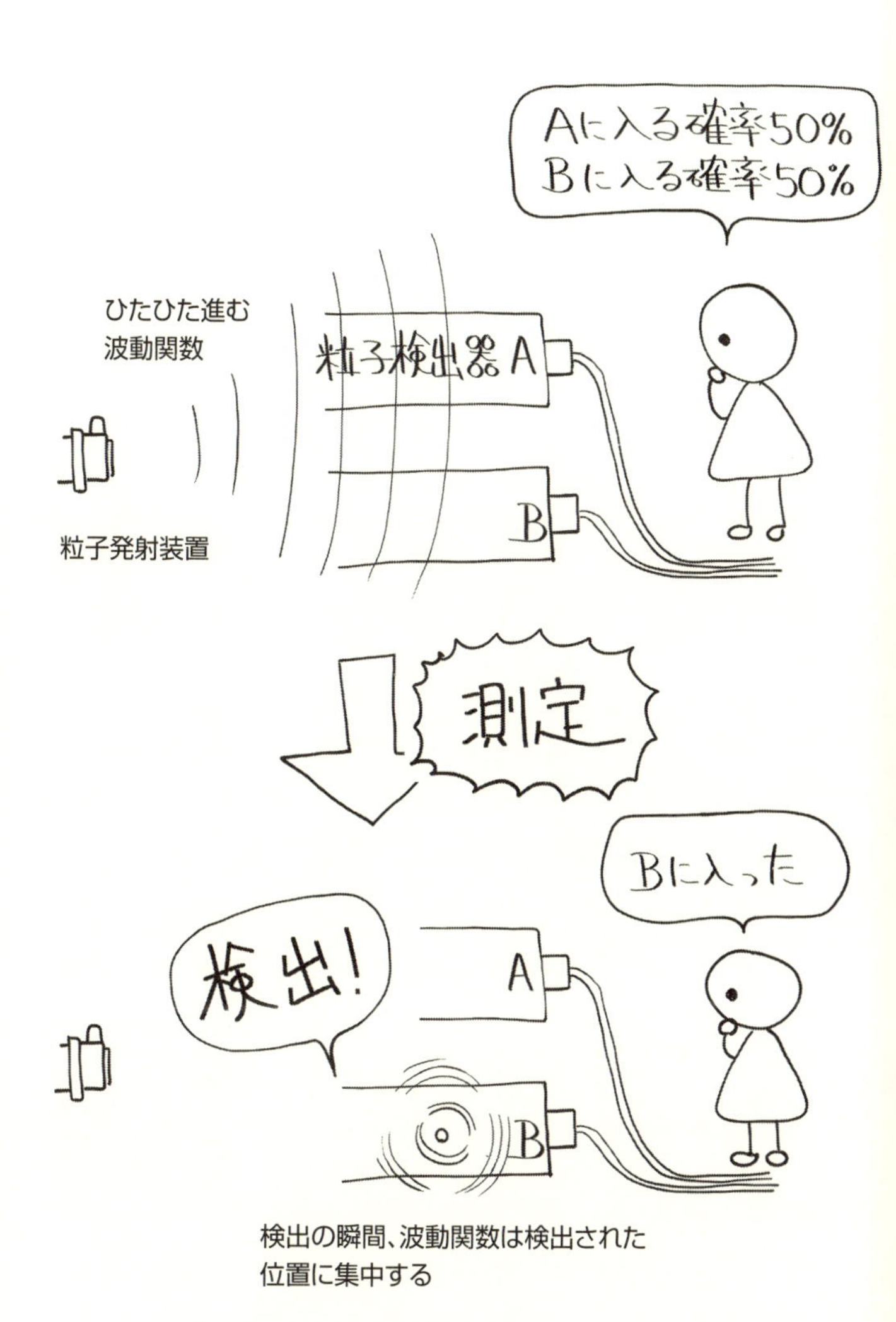

図3-2 波動関数は粒子が観測される確率を表わす

コペンハーゲン解釈の主張です。

もし粒子検出器を2台設置するならば、波動関数は、それぞれの検出器が粒子を検出する確率を与えます。例えば右の検出器で検出する確率が2分の1、左が2分の1という具合です。

そしてどちらかの検出器が電気信号を発して粒子の検出を知らせると、空間を満たしていた波動は突如として姿を変えます。検出された一点に集中するのです。もし右の検出器が電気信号を発すると、その瞬間、右と左の検出器内部に侵入していた波動は収束し、つまりぴゅっと縮んで右に集中します。

それ以降の粒子の行く末を予測するには、右に集中した波動関数を用いなければなりません。左の検出器内部に侵入していた波動関数はなかったかのように捨て去られるのです。

神のサイコロとシュレディンガーの猫

量子力学を学ぶ人の多くが、このコペンハーゲン解釈にはどうも違和感と不安を覚えます。

粒子の行方が確率でしか予測できなくていいのでしょうか。将来をもっと確実に予測できるよい理論はないのでしょうか。観測（検出）の瞬間に波動関数がぴゅっと縮むのはいったいどういう仕組みによるのでしょうか。何がその変化をもたらしているのでしょうか。量子力学の創始者の一人アインシュタインは、「神がサイコロで遊ぶはずがない」といってコペンハーゲン解釈に反対しました。粒子の行く末を確率によってしか予測できない量子力学は、不完全なところがあるのだと主張しました。（量子力学が不完全であることには現在多くの人々が同意しています。）

1935年、シュレディンガーは、猫を用いる有名な実験を提案して、コペンハーゲン解釈の不備を皮肉りました。量子力学を莫迦正直に適用すると、箱の中に入った猫の状態も波動関数で表わされることになります。シュレディンガーは箱の中の猫の波動関数が、死んだ猫と生きている猫の重ね合わせになるような例を考案しました。図3-3に説明します。

コペンハーゲン解釈によれば、観測の瞬間まで、猫は死んでいるとも生きているともいえません。箱を開けて中の状態を観測した瞬間、猫の波動関数は収束し、死んでいる猫か生きている猫かどちらかに決まります。

この結論は誰が見ても莫迦莫迦しくて非現実的なものですが、ではどこが間違っているのかと聞かれると、現在の量子力学は答えることができません。生きている猫と死んでいる猫の重ね合わせは、量子力学とコペンハーゲン解釈に合致している「正しい」例なのです。シュレディンガーの猫を用いる奇抜な思考実験は、生きている猫と死んでいる猫の重ね合わせという滑稽な結論を導くことによって、量子力学のおかしさを指摘するものでした。

ボーア、怒りの大反論

それにしても、気の利いた発言を多く残しているアインシュタインも、猫の実験で有名なシュレディンガーも、真面目な科学の議論にユーモアを持ち込む癪(しゃく)な才能の持ち主のようです。(おまけに二人とも女性にモテたと伝えられています。)論争相手はカッカと頭に血を昇らせたことでしょう。

1935年、アインシュタインが『物理的実在の量子力学的記述は完全と見做せるか?』[注1]という共著論文を発表し、コペンハーゲン解釈に異議を唱えると、ボーアはその2カ月後に、まったく同じ題名の、数式のほとんどない、章の区切りすらない論文を投稿して反論しました。[注2]

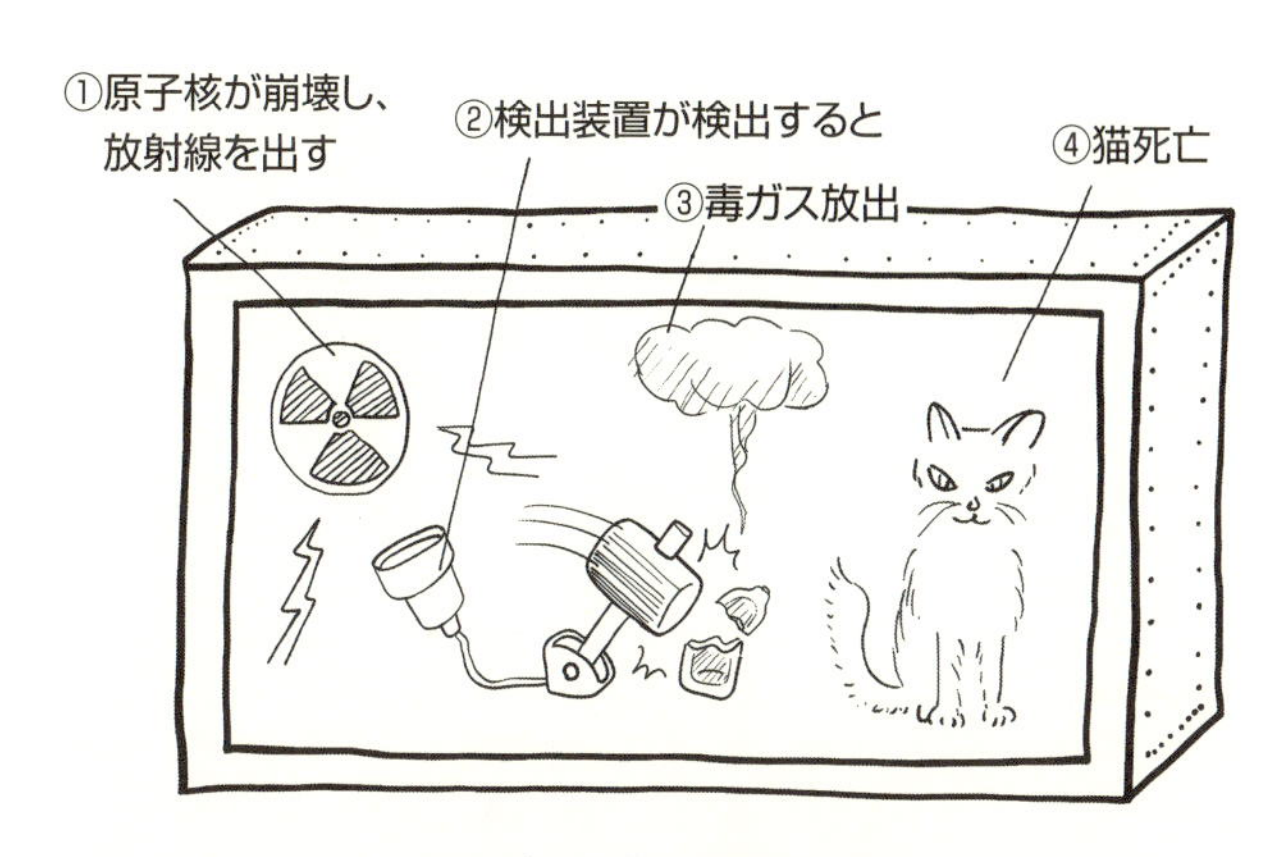

シュレディンガーの箱のしくみ

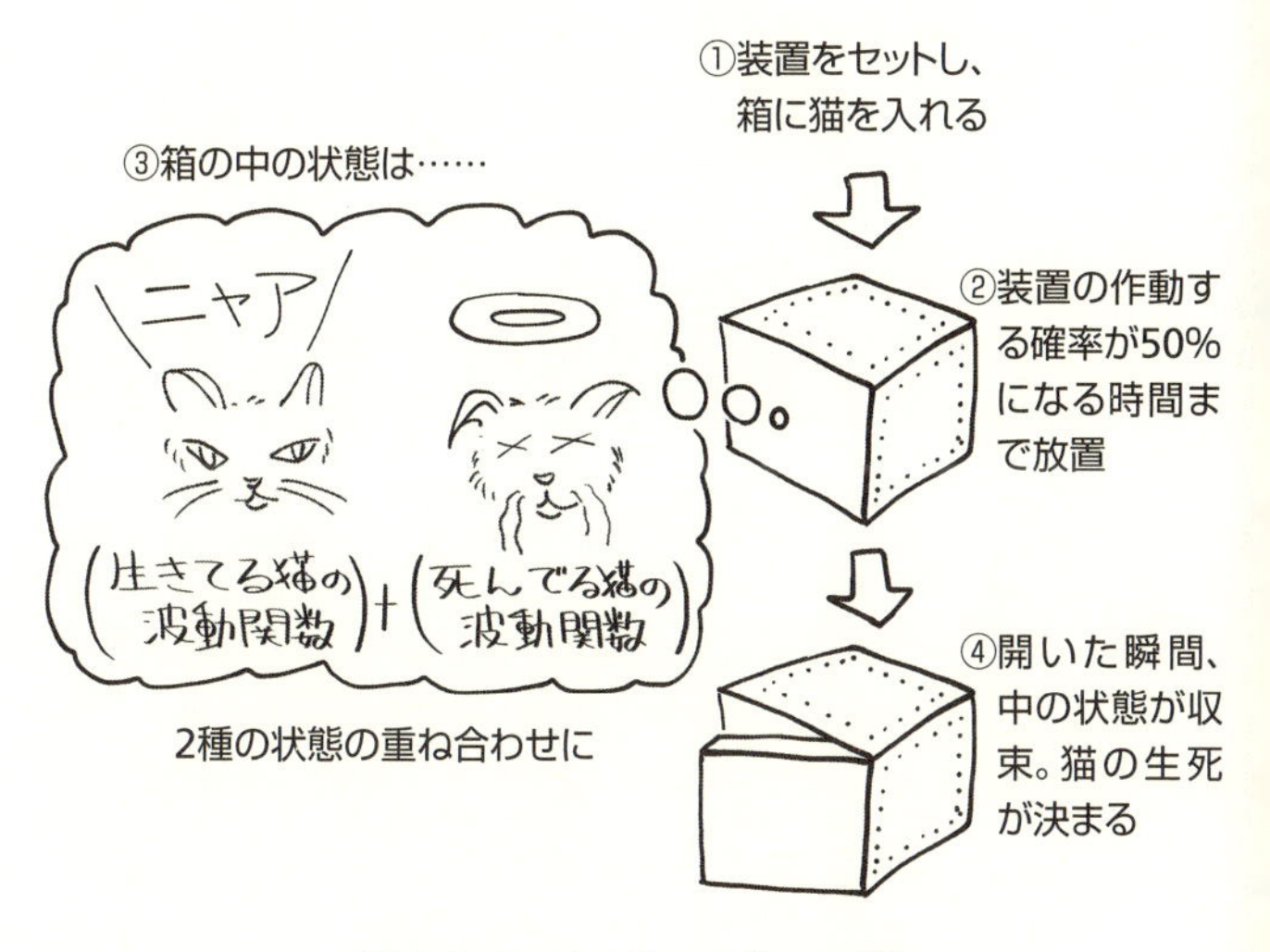

図3-3 シュレディンガーの猫

内容は、物理的実在を量子力学で記述することには何の問題もなく、そういう疑問はボーアの唱える相補性原理で説明できて、アインシュタインたちはもっと相補性原理を勉強した方がいいんじゃないの、というものです。カッカと頭に血を昇らせるボーアの様子が思い浮かびます。

こうして、量子力学を創始した巨頭の火花とユーモアをまきちらす論争を通して、量子力学の問題点、すなわち観測問題が立ち現われてきました。

観測問題にはさまざまな切り口がありますが、端的に表現すると、こういうことです。

・波動関数が、観測の瞬間に収束するのはどういう仕組みによるのか。

現在の量子力学はこの問題に答えることができません。観測問題は量子力学がまだ不完全であることを示しているのです。約100年の間、この不備を克服して量子力学を完全な理論にする試みに、多くの人々が挑みました。しかし万人を納得させる解答は得られていません。

多世界解釈あらわる

世界は無数に分裂しているんだって？

1956年、アメリカ・プリンストン大の大学院生エヴェレットは、実は波動関数の収束なんか起きていないという珍説を博士論文として提出しました。

粒子の波動関数が右の検出器に2分の1、左に2分の1流れ込んだ状態で、粒子の位置を測定するとします。2分の1の確率で右の検出器が検出信号を発し、2分の1の確率で左が検出します。検出の瞬間、どちらかの状態に波動関数が収束する、というのが広く認められているお馴染コペンハーゲン解釈です。

ところがエヴェレットの説によれば、検出の瞬間、粒子と測定装置と観測者を含めた世界は、右で粒子を検出した世界と、左で粒子を見つけた世界の二つに分裂します（図3-4）。

二つの世界は実験装置の設定も実験室の様子も実験室がある地球も宇宙も何もかもそっくりで、これまでの歴史も同一ですが、粒子が右で検出されたか、それとも左で検出されたかというただ1点だけがちがいます。それぞれの世界は、自分が分裂したとは努知(ゆめ)らず、粒子の位置を測定したら1箇所で検出され、波動関数が収束したと思い込みます。二つの世界のちがいは実にわずかですが、今後、この二つの世界の運命は分かれていきます。再び一緒になることはありません。

これは途方もない解釈です。ミクロな粒子の位置や運動量やエネルギーなどを測定するたびに、世界はいくつもの未来に枝分かれし、そのそれぞれの未来で別の測定値が得られるというのです。書いている側もなんだかわけがわからなくなりそうです。

波動関数の収束は、実験室内の粒子だけに起きるわけでなく、私たちの体や環境を構成する原子や分子や光子、そこらにある無数の素粒子、宇宙を満たす物質全てにこの瞬間にも収束が起きていると(「普通の」解釈では)考えられます。収束の代わりに世界が分裂するというエヴェレットの解釈だと、その全ての粒子が世界を絶えず分裂させているわけです。私たちの世界は一つでなく、数えきれないほどたくさん存在するのですが、そのうちの一つしか知覚できないのです。

コペンハーゲン解釈と鋭く対立する新しい解釈、多世界解釈の登場です。

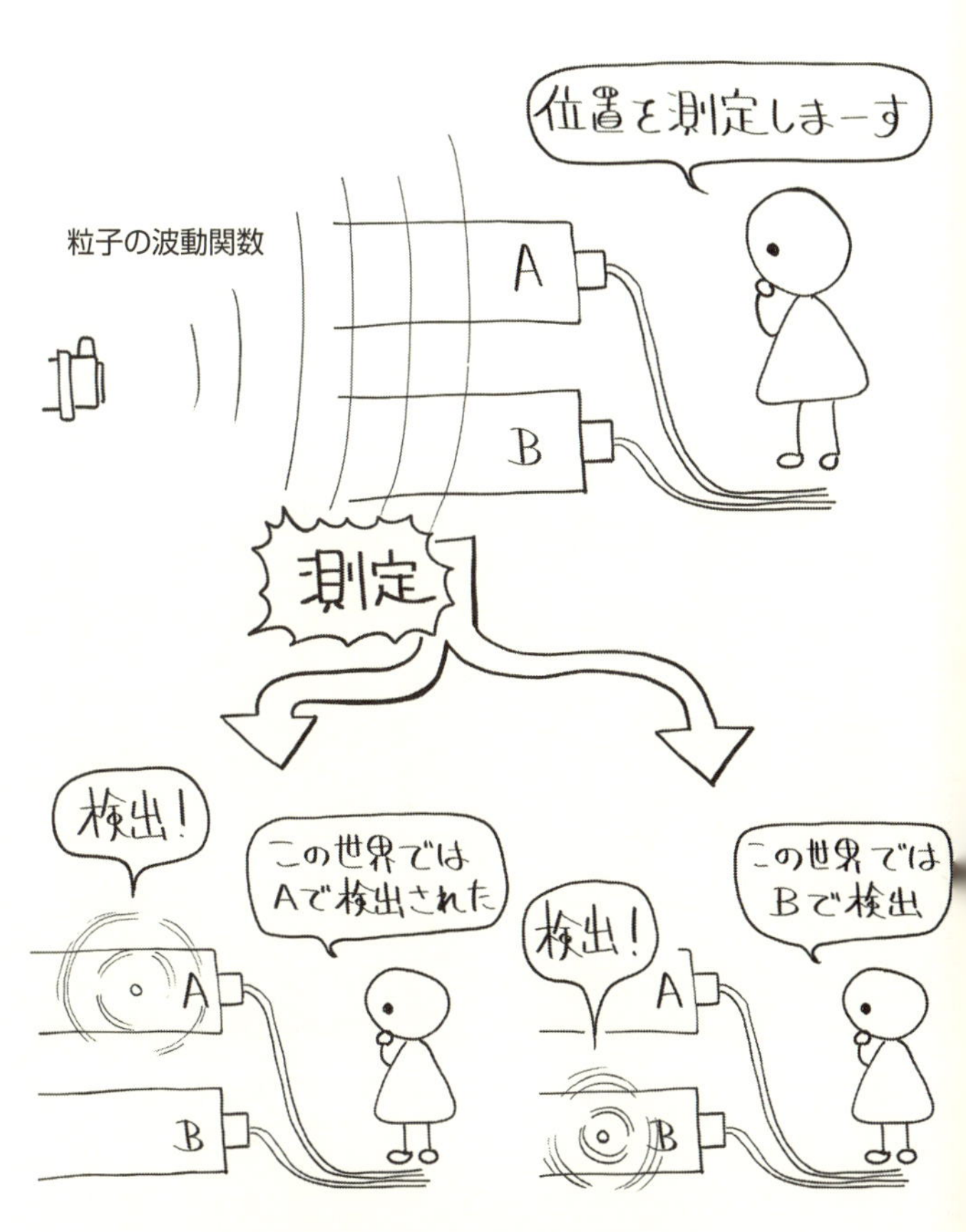
位置を測定しまーす
粒子の波動関数
A
B
測定
検出！
この世界では
Aで検出された
A
B
検出！
この世界では
Bで検出
A
B
測定の瞬間、粒子をAで検出した世界と
Bで検出した世界に分裂

図3-4 多世界解釈

大学院生の説が次第にファンを獲得

エヴェレットの指導教官は、「ブラック・ホール」の命名者ホイーラーでした。ブラック・ホールがエントロピーを持つと言いだしたベッケンシュタインはエヴェレットの後輩になります。珍説や新奇なアイディアの源を辿るとホイーラーの名がでてくるのはどういうことなのでしょう。その理由は定かではありませんが、現代物理学を面白いものにした人であることは確かです。

ホイーラーは一大学院生のエヴェレットの論文を手にわざわざコペンハーゲン大まで出かけていき、(なんと当時まだ現役の)ボーアたちと、多世界解釈(と後に呼ばれることになる)説が正しいかどうか議論しました。

当然のことながら、コペンハーゲン解釈の教祖ボーアはエヴェレットの新説を認めませんでした。〈人間や砲弾が「分裂」する〉というエヴェレットの表現にボーアたちは眉をひそめ、ホイーラーはエヴェレット論文がコペンハーゲン解釈に反するものではなく、拡張するものだと弁明しました。

エヴェレットの学位は難産でした。ホイーラーの指示のもと、エヴェレットは何カ月もかけて学位論文を大幅に削り、過激な表現を書き換えて、やっと博士号をもらいました。

できあがった博士論文からは、人間や砲弾が分裂するという表現が消えていました。

当時のアメリカには徴兵制が布かれていました。エヴェレットは学生として兵役を猶予されていたので、ホイーラーたちがコペンハーゲン大で議論しているために学位取得が遅れると、徴兵される可能性がありました。兵役を免れるため、エヴェレットはアメリカ国防省の仕事に関わり、結局、理論物理学分野から足を洗うことになります。

博士論文の簡略版は学術誌に掲載されました。(注3) 数少ないエヴェレットの論文の一篇です。研究成果を公表しない業界に身をおいたエヴェレットなので、著作はほとんどありません。

当初の反応は、沈黙と冷笑でした。しかしやがて、多世界解釈の理解者が一人、二人と現われます。

1973年、論文集『量子力学の多世界解釈(注4)』が出版され、ここにはエヴェレットの学位論文の省略していない版が収められました。数年後にはSF雑誌が多世界解釈の特集を組みました。

こうして「多世界解釈」は広く知られるようになりました。コペンハーゲン解釈とちがい、波動関数の「不可解な」収束を含まないため、好む人も多くいます。(中でもSF作家は多世界解釈が大好きです。)

その後、エヴェレットは物理学業界に戻ってくるよう勧誘を受けますが、軍事業界の方が居心地がよかったのか、物理学研究に戻ろうとはしませんでした。博士論文の騒動で、嫌気がさしたのかもしれません。あるいは大学や研究所の払える程度の給料に魅力を感じなかったのかもしれません。

国防省で、効率のよい核攻撃の戦略を研究した後、エヴェレットは同僚たちと、国防省向けにコンピュータ・プログラムを開発するビジネスを立ち上げます。

いくつも会社を興し、経営が軌道に乗っていく一方で、エヴェレットは学生時代からの飲酒癖をつのらせます。酒を3杯も呑む昼食（スリー・マティーニ・ランチ）をとり、オフィスで眠って酔いを醒ましたと同僚が語っています。（スリー・マティーニ・ランチとは、ビジネスパーソンや重役が会社の経費で食べる豪華なランチを皮肉って呼ぶ単語です。アメリカ社会がアルコール摂取に厳しくなったことと、昼食費が必要経費として認められにくくなったことから、スリー・マティーニ・ランチの習慣は廃れました。）

エヴェレットは享楽主義で、自己中心的で、仕事仲間を裏切り、他人や家族に関心がなかったと知り合いや子供が証言しています。思想傾向としては極端な利己主義を支持し、人権を理解しませんでした。家族を含めて誰もエヴェレットをよく言わないところを見ると、そうとう性格に難があったようです。

ある朝、エヴェレットの息子が、ベッドで冷たくなっている父を発見しました。51歳の若さでした。重度の喫煙癖と、アルコール依存症の域にまで達した飲酒癖がその死を早めたのかもしれません。（余談ですが、息子のマーク・オリバー・エヴェレット〈1963-〉は後にロック・ミュージシャンとなります。父としてのヒュー・エヴェレット三世像は主にマークの証言によって形成されているようです。）

多世界は実在するのだろうか

多世界解釈の描きだす宇宙は実に奇妙で魅力的です。

ミクロな粒子の測定や観測は、粒子検出器を設置した実験室だけで起きているわけではありません。私たちを含めたこの宇宙はミクロな粒子からなります。この宇宙で起きる出来事は全てミクロな粒子の衝突や反応の結果で、そういう衝突や反応は一つ一つが量子力学的な測定や観測です。ということは、そういう出来事には、波動関数が別の状態に収束する別の結果がありえたわけです。

多世界解釈によれば、この世界の結果と異なるあらゆる結果がどこか別の世界では実現していることになります（図3-5）。

過去のあのとき、こう決断していたら、今はどうなっていたでしょうか。歴史のあのとき、こうなっていたら、現在はどう変わっていたでしょうか。そういう夢想がことごとく、どこか別の世界では実現していると多世界解釈は主張します。

そういう別の世界の自分はどんな人生を送っているでしょうか。ついさっき分かれたばかりのそっくりな自分もいれば、だいぶ昔に分かれて今ではそうとう運命がちがってしまった自分もいます。そもそも自分のいない世界も、生命が生まれなかった世界も、星すら存在しない世界も、無数にあります。（ただし物理法則の異なる世界はありません。）

けれどもそういう他の世界について知るすべはありません。他の世界の自分と会話して、この世界では起きなかった運命、あのとき別の選択をした人生について聞くことはできません。

無数のあらゆる世界が存在すると多世界解釈は主張しますが、そういう多世界の存在はどうやったら実証できるでしょうか。別の多世界と通信することもできず、実験で確認す

図3-5　どこか別の世界のあらゆるあなた

ることもできないのです。多世界の存在は証明不可能です。

証明不可能となると、大勢の研究者がこぞって多世界解釈に乗り換えるというわけにはいきません。おおかたの実際的な研究者は、波動関数から観測結果を予測する手法を与えてくれるコペンハーゲン解釈で充分、という立場です。

多世界解釈に基づく量子コンピュータ

1985年、イスラエル出身の英国のドイッチュ・オックスフォード大客員教授が量子コンピュータという新しい計算原理を発表します。

きわめて大雑把に説明すると、量子コンピュータは、波動関数で表わされるミクロな粒子を部品として用い、波動関数の干渉を利用して計算を行なうものです。

譬(たと)えていうなら、ある計算問題の答が0なら右の検出器で粒子が検出され、答が1ならば左の検出器で検出されるように設定した装置です。ある種の計算は、普通のコンピュータに解かせると膨大な時間がかかります。しかし量子コンピュータならば、粒子を発射すれば、波動関数が複雑な干渉をやってのけ、その結果、右か左の検出器に飛び込んで答をだすというわけです。

ただしその計算原理を実現して量子コンピュータを動作させるには、いくつもの技術的課題を解決しなければならず、果たして可能かどうか疑問視する声もあります。

ドイッチュ教授による発表以来、量子コンピュータの研究が盛んになります。量子力学を応用する計算原理がいくつも考案され、どれもが量子コンピュータと呼ばれて紛らわしいのですが、ここで取り上げるのはドイッチュ教授のアイディアです。

ドイッチュ教授によれば、量子コンピュータの原理は多世界解釈に基づきます。量子コンピュータがすばやく計算できるのは、無数の多世界に存在する無数の量子コンピュータが協力するからだといいます。量子コンピュータが機能することは多世界が存在する証拠です。

現在、量子コンピュータという研究分野は大いに盛り上がっています。多大な人材と資金が投入され、研究会が絶えず催され、理論や実験の論文が多数発表されています。量子コンピュータと称する装置も製作されていますが、量子コンピュータと呼ばれる計算原理はいくつかあるので、ドイッチュ教授のアイディアが実現したとはまだいえません。

量子コンピュータと観測問題が密接に関係していることは、研究者の共通の認識です。どの原理の量子コンピュータであれ、波動関数で記述されるミクロな系を準備して、それを観測する過程が必要です。量子コンピュータの実現のため、観測の際にミクロな系に起きる現象を研究すると、観測問題が立ち現われてくるのです。

とはいうものの、量子コンピュータの研究者が皆そろってドイッチュ教授と意見を同じくし、多世界解釈を支持しているわけではありません。多世界解釈を熱心に布教するドイッチュ教授のような研究者は例外的です。

なにしろ多世界解釈は実証が原理的に不可能です。実証できないとなると、この解釈を受け入れるかどうかは、もう信仰の問題ということになります。物理学好きの間では、コペンハーゲン解釈と多世界解釈に関する議論はしばしばヒート・アップしますが、宗教論争の一種と捉えると、人々がこの問題に注ぐ情熱が理解できます。

とはいえ量子力学は大変実践的

現在の量子力学はミクロな物理現象を説明する強力な道具です。量子力学の研究分野の中には、まだ実用製品を生みだしていない量子コンピュータのような分野もありますが、量子力学は全体として、応用製品を多数産出している大変実践的な物理学分野です。

トランジスタなどの半導体素子とそれを用いる電子機器や（普通の）コンピュータ、レーザー、原子炉、核兵器、量子化学に分子生物学、新素材、医薬品等々、現代社会を埋め尽くす圧倒的な数の製品は全て、量子力学の正しさの物的証拠です。

　例えば、量子力学を用いると分子の形状がわかります。原子がくっついてできている分子の形状は、接着剤の役割をしている電子の軌道によって決まり、電子の軌道は量子力学の手法で計算できるからです。そして分子の形状がわかればその分子の反応や機能がわかり、これは化学の飛躍的な発展をもたらしました。

　その先端の応用分野は分子生物学です。生物の体内では無数の生体分子が働いて生命を維持していますが、現在はその分子ごとの構造と機能が解明されつつあります。生体分子の解明は難病の治療法や効果の高い医薬品の開発に直結することはいうまでもありません。最新医療は量子力学の間接的な産物です。

　量子力学の成功した応用分野をもう一つ挙げると、電子回路や回路素子を生みだすエレクトロニクスです。コンピュータ、携帯端末、ロボット家電、デジタル・カメラ、太陽電池やセンサーなど、多種多様な活躍をする電子機器の中には、半導体でできた回路素子が詰まっていて、そこを電子が縦横に流れています。

　電子の流れを制御し、増幅し、光に変えたり電波に変えたりする半導体素子の働きは、量子力学を用いなければ理解もデザインもできません。日常生活をいたるところで支える電子機器の群れは、量子力学がなければ実現しなかったものばかりです。

　このように、私たちは日々量子力学に支えられ、量子力学の正しさを証明しながら生活しています。しかし量子力学は、その基本原理に不完全な部分を含むのです。量子力学の計算やその予測が正しいことは誰も疑うことができませんが、なぜそれがうまくいくのか説明することも、やはり誰にもできないのです。

タブー4

異端の宇宙

アインシュタインの相対性理論（相対論）を用いると、宇宙がいつどうやって誕生したのか数学的に議論することができます。

それによると、宇宙はなんと大爆発（ビッグ・バン）で誕生したようなのです。どんな民族の神話よりも突飛な真相です。アインシュタイン自身もこれは予想外だったようで、当初は否定しようとしました。

やがて観測技術の進歩によって、宇宙がビッグ・バンで生まれ、現在も膨張している証拠が次々見つかりました。ビッグ・バン宇宙論は現在の標準モデルとなりました。

けれどもそれ以降、標準モデルから逸脱する特殊な宇宙論が大勢の研究者によって提唱されてきました。

例えば、質量保存則という大原則を破って、真空から新しく物質が生まれてくる宇宙などです。

この章では、相対論の裏をかく、数々の異端の宇宙論を紹介しましょう。

宇宙の記述に取り組む

宇宙はどんな形をしているのか

アインシュタインが発表した相対論については、タブー2でも触れました。時間と空間の伸び縮みを扱う理論である相対論は、重力の正体を明らかにし、ブラック・ホールという奇妙な存在を予見したのでした。

しかし実はブラック・ホールが論じられるより前、アインシュタインはもっと野心的なテーマに取り組んでいたのです。できたてほやほやの相対論を用いて宇宙の形状を議論するというテーマです。

宇宙の形状を議論するとはいったい全体何のことでしょうか。そもそも宇宙に形状なんてあるのでしょうか。

相対論以前には、宇宙がどんな形状をしているのか、いつどのように生まれたのか、これからどうなるのかについて、空想をもてあそぶことはできても、科学的に扱うにはどうすればいいのか見当もつきませんでした。そんな問題は、おとぎ話か神話か、せいぜい哲学の領分でした。

しかしアインシュタインには、自分の考案した相対論が宇宙を取り扱うことのできる物理学理論であることがわかっていました。1915年、まだ世界が相対論の新奇さに目を白黒させているとき、アインシュタインはただ一人、相対論の手法を用いて宇宙の記述に取り組みました。

縁や端はある？　有限か無限か？

では、宇宙の形状とは何を意味しているのか、説明を試みましょう。

私たちの住むこの宇宙は3次元空間です。（4番目の次元である時間の説明は後に回します。）

どういうことかというと、この空間の中のある1点、例えば屋根にとまったスズメの位置であるとか、アンドロメダ銀河の位置を数値で表わすには、3個の数字が必要だということです。

スズメの位置なら、南に3メートル、西に5メートル、高さ6メートルという具合です。

アンドロメダ銀河の位置は、銀経121・17433度、銀緯マイナス21・57333度、距離230万光年です。

これらの数値の意味は知らなくてもさしつかえありません。ここでいいたいことは、この宇宙で何かの位置を表わすには、（よっぽど特殊な表わし方でない限り）数字が3個必要だということです。位置が3個の数字で表わされる空間は3次元空間と呼ばれます。（数学者や物理学者は「多様体」と呼んでもっと厳密に取り扱いますが、ここでは曖昧に「空間」ですませます。）

一方、紙面のような平面上に描かれた物の位置を記すには数字は3個もいりません。2個で充分です。例えばこのページの右から3センチメートル・上から4センチメートルにある文字、というふうに位置を記述することができます。平面上の位置は2個の数字で表わされるので、平面は2次元空間です。

本の紙面のような単純な2次元空間ではなく、もっと複雑な形状の2次元空間を工作することもできます。

例えば、この本の1ページをびりびり破り取り、くるりと丸めると円筒にすることができます（図4-1）。円筒の表面は、本の紙面と形状がちがう、別の種類の2次元空間です。

さらにこの円筒をくにゃりと曲げて、上の端を下の端にくっつけて、いわゆる「ドーナツ形」にしましょう。(世の中には穴のないドーナツもあるという指摘は無視します。)

ドーナツの表面は、ただの平面とも、円筒表面とも形状のちがう、別の種類の2次元空間です。この形状にはT^2という名がついていますが、覚えなくてもかまいません。

ドーナツの表面の特徴は、縁も端もないことです。宇宙論で主に扱うのは、縁も端もない空間です。

ドーナツ表面のもう一つの特徴は、表面を蟻のように辿っていくと、元の場所(の近く)に戻ってくることです。無限に遠くには行けません。しつこくいうと、有限です。

このように、(縁も端もない)有限な空間は、「閉じている」といいます。ドーナツの表面という2次元空間は閉じているのです。妙な言い方ですが、数学用語なので仕方ありません。数学者に日本語のセンスは期待しない方がいいでしょう。

閉じている2次元空間をもう一種紹介しましょう。球の表面という2次元空間です。地球の表面を思い浮かべてください。この2次元空間にはS^2という別名がありますが、覚えなくてもかまいません。

閉じた2次元空間は、ドーナツ表面と球表面の他にも無限にありますが、それについては別の機会にお話ししましょう。

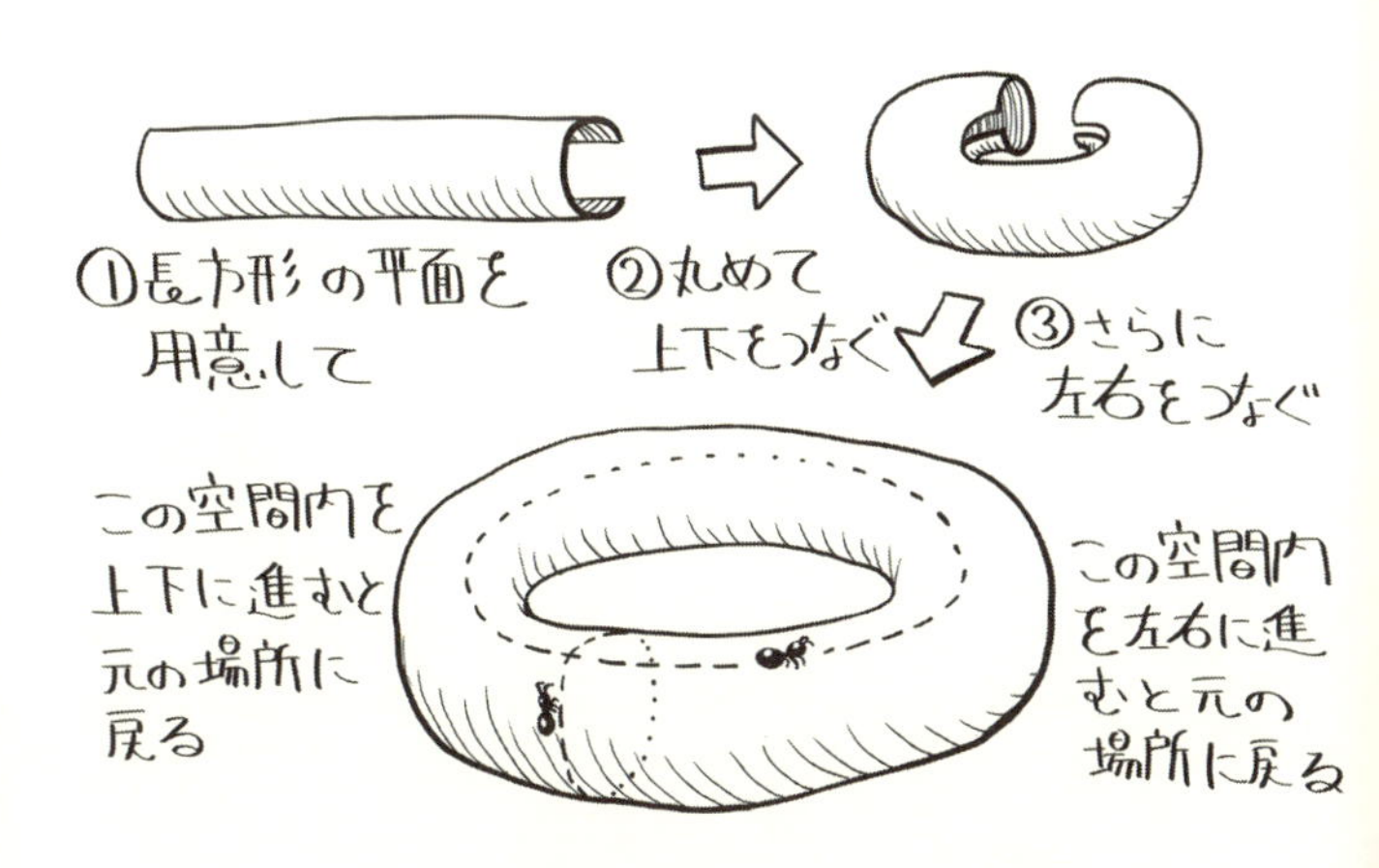

「ドーナツの表面」または「T^2」という2次元空間

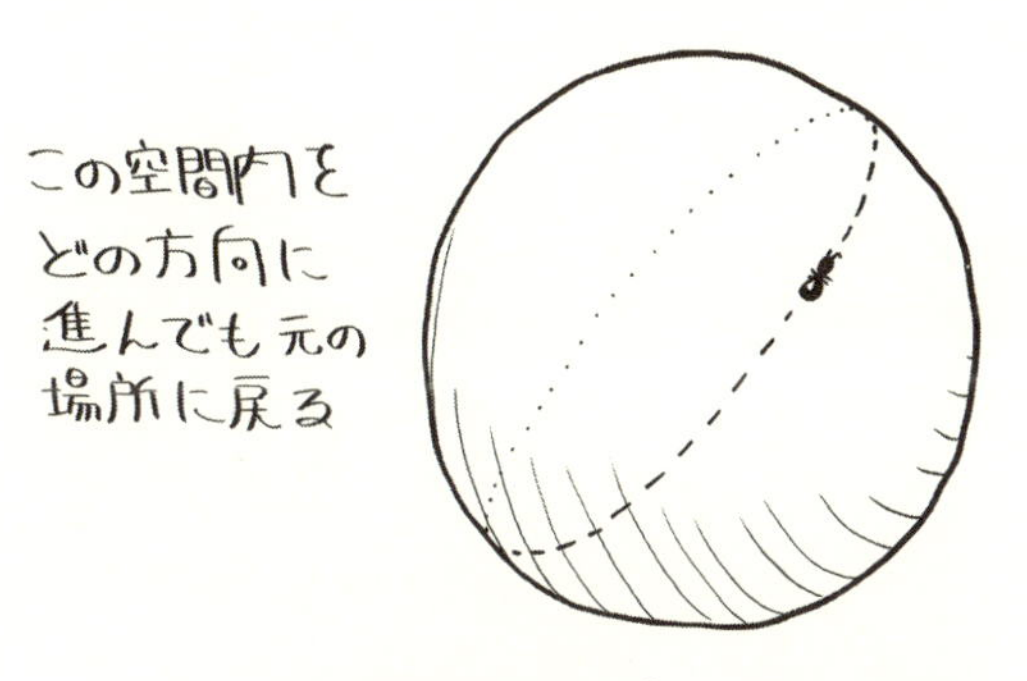

「球の表面」または「S^2」という2次元空間

図4-1 2次元空間の例

このように、形状のちがう2次元空間の例を挙げると、この次に紹介する、形状のちがう3次元空間が理解しやすくなります。(ここからが本題です。)

3次元空間にも無限の種類があります。球の表面に似た性質を持つもの、ドーナツ表面に似たもの、無限の体積を持つ開いた3次元空間、閉じている有限の3次元空間など、さまざまです。

あるものは、空間内をどこまでも進むと、元の場所に戻ってきます。(ドーナツ表面や球表面に相当する形状の、閉じた3次元空間です。)

あるものは、どこまで進んでも戻ってきません。無限に広がっています。(無限に広がる紙面に相当する形状の、開いた3次元空間は、そういう性質を持ちます。)

これで、宇宙の形状とはいったい全体何のことか、イメージが湧いてきたでしょうか(それともますますわからなくなったでしょうか)。

宇宙の形状を考えるとは、私たちの住むこの宇宙に、縁や端があるのかどうか、有限なのか無限なのか、そういった問題を考えることです。

「望遠鏡で自分の後頭部が見える」

私たちの住む宇宙の形状は、無限に種類がある3次元空間のうちどれなのか、当時はわかりませんでした。（実は今でもわかっていません。）

とりあえずアインシュタインは、有限で閉じた最もシンプルな3次元空間を仮定しました。4次元球の表面に相当する3次元空間です（図4-2）。これにはS^3という別名があります。「4次元球の表面に相当する3次元空間」といちいち書くのはまだるっこしいので、今後S^3だけは使うことにしましょう。

S^3は、「（3次元）球の表面という2次元空間」に似た形状を持ちます。（3次元）球の表面をどこまでも進むと、球を1周して元の場所に戻ってきます。どの方向に進んでもそうなります。

同様に、S^3の宇宙に住む人がロケットでどこまでも旅すると、宇宙を1周して元の場所に戻ってきます。どの方向に進んでもそうなります。

ロケットだけでなく、光を発射しても宇宙を1周して戻ってきます。ということは、宇宙のかなたからやってきた光が見えたら、自分のいる場所から過去に出発して、宇宙を1周してきた光なのです。

アインシュタインはこれを、「望遠鏡で遠くを見ると自分の後頭部が見える」と表現しました。ただし後頭部を見るには、自分の後頭部から発した光が宇宙を1周するだけの時間、望遠鏡をかまえて待ち続けないといけません。

アインシュタイン狼狽する

さてこれで宇宙の形状が決まりました。次にこれを、相対論の重力方程式、別名アインシュタイン方程式に代入してみましょう。

相対論の重力方程式はいくつもの宇宙モデルを解として持ちます。$x+1=2$という方程式ならば解は$x=1$だけですが、$x^2=1$という方程式ならば解は$x=1$と$x=-1$の2通りあります。方程式によっては、解を何通りも持つのです。重力方程式もいくつもの解（宇宙解）を持つ方程式で、そのうちどれか一つが現実の宇宙を表わす解のはずです。

計算してみて、アインシュタインは狼狽しました。定常的な宇宙解が存在しなかったのです。解として出てくる宇宙は、果てしなく膨張したり、逆にすぐに縮んでしまったり、ろくな運命を辿らないのです。

この宇宙が定常的で、未来永劫過去永久変わらない姿で存在すると信じていたアインシュタインには、そういう定常解が存在しないことが、自分の理論の欠陥に思えました。一

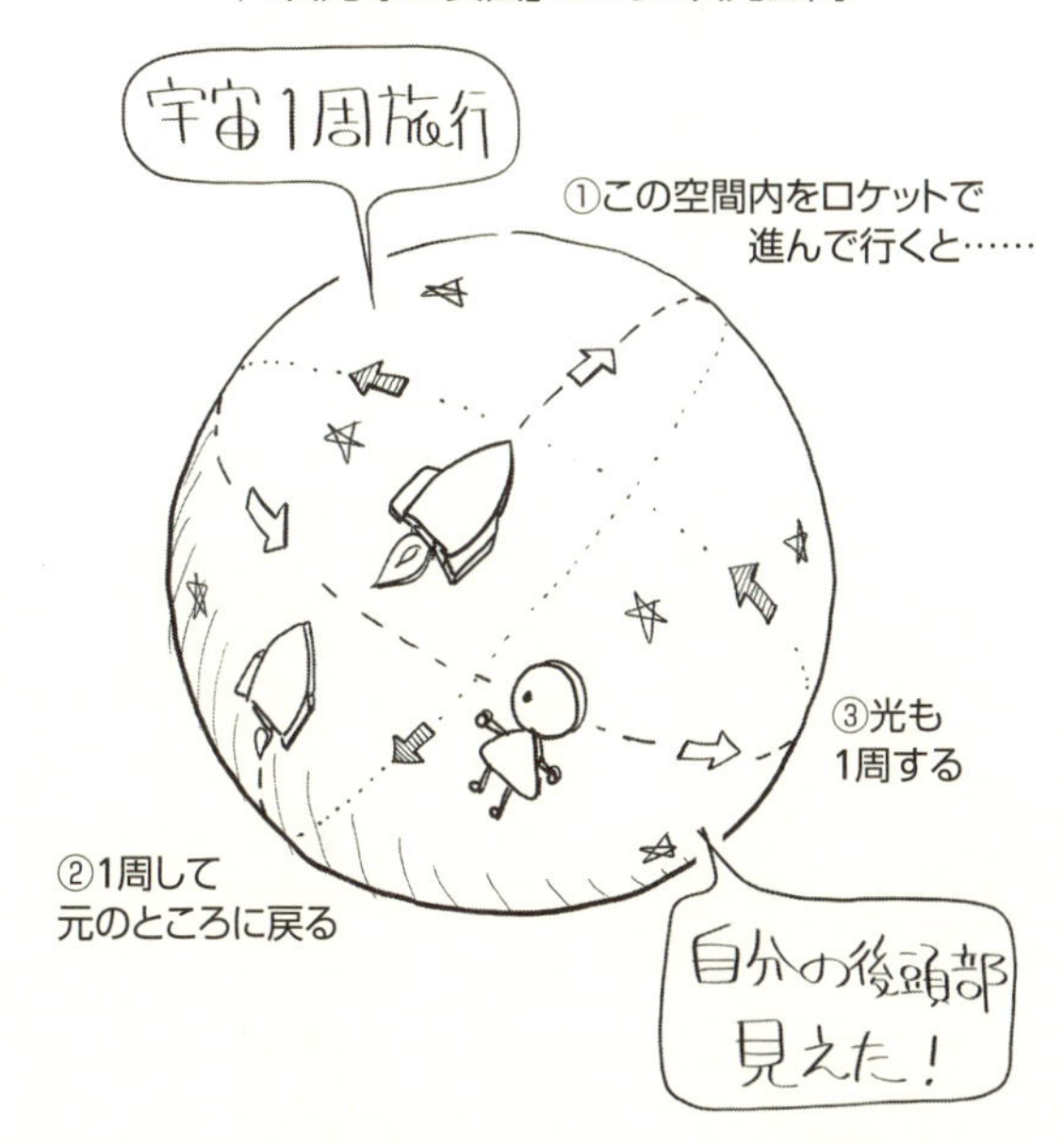

図4-2「4次元球の表面」という3次元空間S^3

般相対論が不完全なので、膨張解のような「非現実的」な解しか得られないのだと考えました。自分の理論にはまだ足りないところがあるにちがいない。何が足りないのだろうか。

アインシュタインは狼狽の末、自分の重力方程式を修正することにしました。重力方程式に、新たに定数項を付け加えた形で発表したのです。「宇宙項」あるいはΛ（ラムダ）と呼ばれる定数項が付け加わった重力方程式は、膨張解や収縮解ばかりでなく、定常的な宇宙解も許容します。

こうして1917年、『一般相対論についての宇宙論的考察』[注1]が発表されました。

この人類初の宇宙論の論文により、アインシュタインは、自分の相対論の応用として、宇宙の形状（と変化）を議論する新たな学問分野を創始しました。科学史にこの天才の偉業がまた一つ刻まれました。

自由すぎる宇宙解の世界

奇怪な宇宙解が続出、鼻白む天才

アインシュタインが1915年に一般相対論を発表し、続いてその2年後に宇宙論を発明すると、研究者のコミュニティはこのまったく新しい物理学理論に夢中になって取り組みました。

そして宇宙の膨張解や収縮解を見つけると、さほど悩むことなくそれを発表しました。

1922年には、ソ連（当時）のアレクサンドル・フリードマン（1888-192

5）が膨張解や収縮解を含む宇宙解を発表し、1927年にはベルギーのジョルジオ・ルメートル（1894-1966）が膨張解を再発見します。（ルメートルは1923年にカトリック教会の司祭に叙階された、少々変わった経歴の宇宙論研究者です。）

得意気な若手が次々見つけてくる奇怪な宇宙解に、アインシュタインはあまりいい顔をしませんでした。アインシュタインは定常的でない宇宙解を酷評し、数学的にはありうるものの現実的ではないと批判したと伝えられます。アインシュタインには、変化する宇宙だとか始まりや終わりがある宇宙は、耐えがたく不自然に感じられたようです。

こうして出揃ったさまざまな宇宙解のうち、この宇宙に当てはまる現実的な解はどれでしょうか。それを判断するには観測に頼らないといけません。観測データと整合しない解を捨てて、残った解がこの宇宙を表わす解です。

さて、では何を観測すれば、この宇宙がどんな形をしているかわかるでしょうか。天体望遠鏡を覗き込んで、何を見つければいいのでしょうか。自分の後頭部でしょうか。

銀河、逃げ散る

アメリカはウィルソン山天文台の天文学者エドウィン・ハッブル（1889-195

3）は、望遠鏡を覗き込んで遠方の銀河を観測し、そこに「変光星」を発見します。これが宇宙の形を教えてくれる鍵でした。

変光星とは、明るくなったり暗くなったりする恒星です。私たちの天の川銀河の中にも、（大型望遠鏡を用いれば）遠方の銀河の中にも、変光星は見つかります。

そして「ケフェイド変光星」という変光星の一種族は、その明るさの変化する周期が長いものほど明るいという傾向があります。そのため周期を測定すれば明るさがわかるのです。

これを利用すると、遠方銀河までの距離を求めることができます。まず大型望遠鏡を使って遠方の銀河の中のケフェイド変光星を見つけ、その周期を測ります。するとその明るさが求められるので、見かけの明るさと比べれば、その銀河までの距離がわかるという手法です。電球を遠方におくと、暗くかすかに見えるので、この見かけの明るさから距離を求めることができるのと同じ原理です。

ハッブルは、望遠鏡の性能の許す限り遠くの銀河の距離を求め、さらに、その銀河の移動する速度を測定しました。

銀河の速度を測定するには、「ドップラー効果」を利用します。ドップラー効果とは、

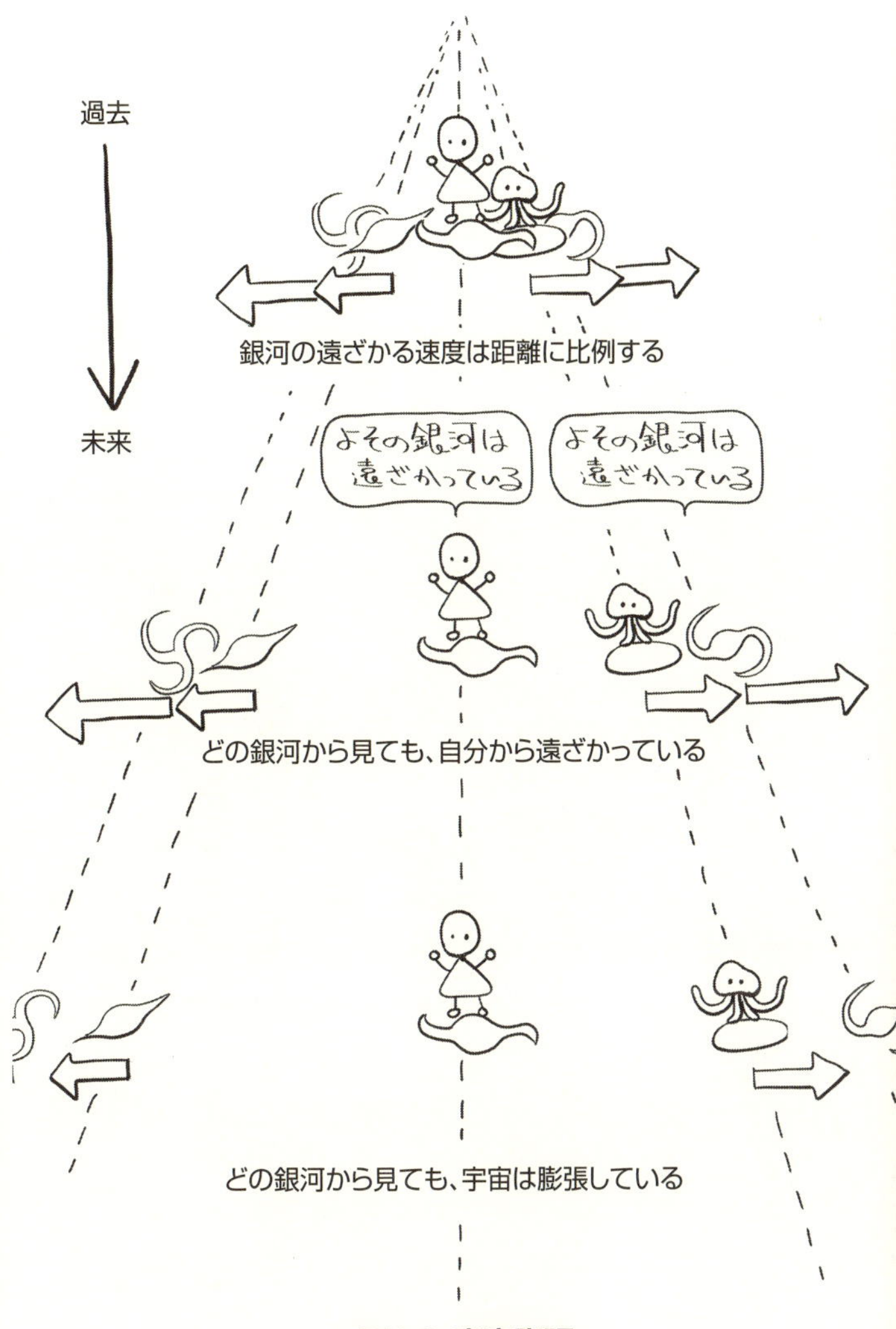
過去
未来
銀河の遠ざかる速度は距離に比例する
よその銀河は
遠ざかっている
よその銀河は
遠ざかっている
どの銀河から見ても、自分から遠ざかっている
どの銀河から見ても、宇宙は膨張している

図4-3 宇宙膨張

遠ざかる銀河から発せられて私たちに届く光の波長は長く、振動数は小さくなる現象です。逆に、近づく銀河からの光の波長は短く、振動数は大きくなります。

銀河からの光を調べ、その中に、水素原子からの放射など、実験室で再現できる物理現象による光を見つけます。そして実験室で得られた波長と銀河から届いた波長を比べ、もし微妙なずれが見つかったら、それは銀河からの光がドップラー偏移しているためです。これで銀河の速度が測定できます。

この二つの手法を用いて、ハッブルは次々と銀河の距離と速度を求めます。すると、あるパターンが浮かび上がってきました（とハッブルは思いました）。

驚いたことに、この宇宙に存在する銀河は、基本的に、天の川銀河から遠ざかっているのです。そしてその遠ざかる速度は、遠い銀河ほど速いのです。私たちの居場所を中心に、銀河はまるで蜘蛛の子を散らすように逃げ散っているのです。

これはいったい、どういうことでしょうか。私たちの天の川銀河はよその銀河から嫌われているのでしょうか。天の川銀河は宇宙の中心のような特別な場所にいるのでしょうか。

いえこれは、宇宙に浮かぶあらゆる銀河が、基本的に、他のあらゆる銀河から遠ざかっていることの現われです。図4-3に図解します。

あらゆる銀河はあらゆる銀河から遠ざかり、銀河の間の距離はこの瞬間も広がりつつあります。これは、宇宙が膨張していることの証拠です。ハッブルは宇宙膨張を発見したのです。この宇宙を表わす解は膨張解（の一つ）なのです。

ハッブル擁護派と様子見派

1929年、銀河が距離に比例した速度で遠ざかっているという法則、いわゆるハッブルの法則が発表されると、(注2) 宇宙論研究者は興奮しました。ルメートルはただちにこれを膨張解の証拠と（正しく）解釈しました。そして膨張解がこの宇宙に当てはまる解ならば、過去には宇宙はもっと小さかったはずだと考えました。彼は、この宇宙には始まりがあり、最初は「原初の原子（primeval atom）」から生じたと述べました。なかなか詩的でカッコいい表現です。（カトリック司祭としての信仰と宇宙論への探求心は、彼の内面でどう整合していたのでしょうか。）

けれども宇宙論研究者の中には、ルメートルほど強い信仰を膨張解に抱くことができず、ハッブルの観測結果に対しては、本当に正しいのかどうか様子見という人もいました。理由の一つは、ハッブルの初期の観測は信頼性があまり高くないことにありました。ハッブルが出した先駆的な結果は、今日の観測結果に比べると見劣りするもので、１００万光年先の銀河が遠ざかる速度は現在の測定値の8倍も速く見積られていました。

遠方銀河の遠ざかる速度は、宇宙がルメートルの「原初の原子」状態から現在の姿に至るまでの時間、つまり宇宙の年齢を教えてくれます。もしハッブルの初期の測定値を用いると、宇宙の年齢は20億年程度ということになり、これは地球の岩石の年齢40億年〜50億年と矛盾します。地球の方が宇宙よりも歳をとっていることになってしまうのです。

これでは、ハッブルの報告はそのまま信じるわけにはいきません。これが、多くの宇宙論者がすぐには原初の原子という結論に飛びつかなかった理由の一つです。

その後さまざまな研究者がさまざまな手法で追観測を行ない、徐々にハッブルの法則は改善され、他の証拠とつじつまが合うものになっていきますが、それにはまだしばらく時間が必要でした。

ミルン宇宙、爆発する

この宇宙が、数十億年前か数百億年前に原初の原子から始まったという描像には、アインシュタインのように、強い抵抗感を持つ人もいました。

ある人々は、ハッブルの法則は宇宙全体に当てはまるものではないという解釈をとりました。

ある人々は、宇宙が膨張しながらも変化しない宇宙解を探し求めました。

中には、都合の悪い観測事実を無視し、既知の物理法則を少々変更しないと成立しない、かなり無理がある宇宙解も提案されました。この宇宙には存在しない宇宙というわけのわからない代物です。

英国の宇宙物理学者エドワード・アーサー・ミルン（1896－1950）は、広大な宇宙の中を銀河が爆発的に四散するという宇宙モデルを提案しました。(注3)「ミルン宇宙」です。

ミルン宇宙は大変広大で、どこまで広がっているか観測不能です。ミルン宇宙全体は一般相対論の何らかの解です。宇宙が定常だと信じたい人は、一般相対論の何らかの定常解を仮定してもいいでしょう。

そして数十億年前か数百億年前、ミルン宇宙の片隅で大爆発が起きました。その原因は不明ですが、銀河を何百億個も合わせたほどの質量が爆発によって飛び散りました。

飛び散る破片の中で、やがて銀河が生じ、太陽系が生じ、地球が生じて人類が誕生し、宇宙を観測するようになりました。

そうすると人類は、過去の大爆発の名残で飛び散る破片の中に自分を見いだします。周囲の破片からなる銀河はどれもこれも自分から遠ざかり、その速度は距離に比例します。つまりハッブルの法則を発見します。

これがミルンの提案した宇宙モデルです。図4-4に示します。

「遠方の銀河は距離に比例する速度で遠ざかっている」というハッブルの法則を知って、おそらく多くの方は、ミルン宇宙のような宇宙モデルを思い描くのではないかと思われます。そうすると、ミルン宇宙と現実の宇宙のどこがちがうのか、少々解説が必要になります。

ミルン宇宙モデルは膨張解とちがって、宇宙空間そのものの膨張が必要ありません。(ミルン宇宙全体が何らかの膨張解であっても矛盾はないのですが、それだと、わざわざ膨張解の代わりにミルン宇宙を採用する利点がありません。)

私たちの天の川銀河の近辺では数十億年前か数百億年前の大爆発があったとしても、ミルン宇宙全体は未来も過去も定常的に存在すると解釈できるのです。定常宇宙が好きな人

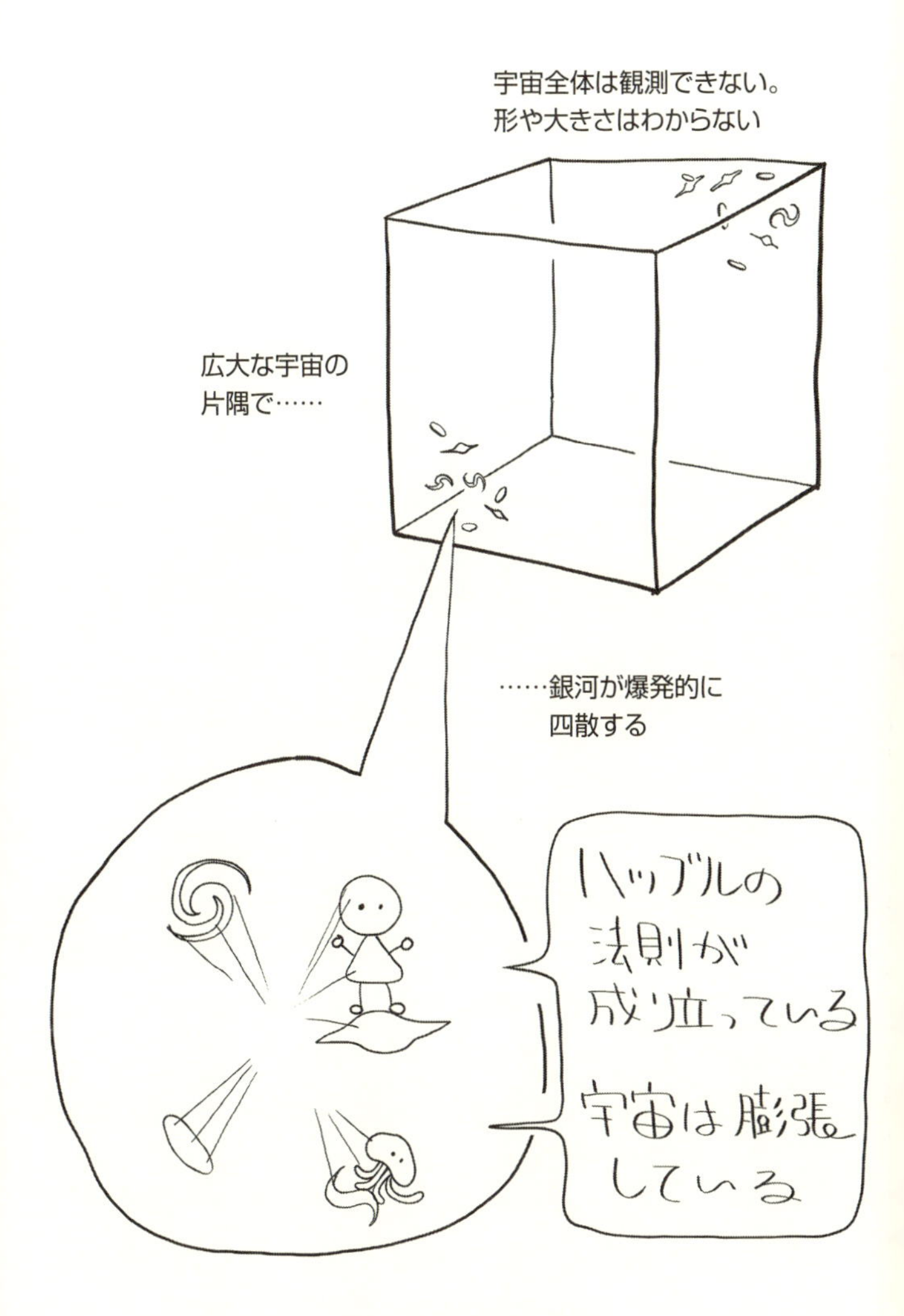
宇宙全体は観測できない。
形や大きさはわからない
広大な宇宙の
片隅で……
……銀河が爆発的に
四散する
ハッブルの
法則が
成り立っている
宇宙は膨張
している

図4-4 ミルン宇宙

も満足です。

しかし残念ながら、ミルン宇宙モデルは観測と合いません。特に、後述の宇宙マイクロ波背景放射を説明できません。そのため現在では、このモデルは宇宙論の教科書に異端の宇宙論として紹介されるだけです。

ところで現在でも、初学者がミルン宇宙のようなイメージでハッブルの法則を解釈することはしばしばあります。これは誤解なのですが、やがて一般相対論を学ぶうちに、イメージの誤りが正されるのが普通です。

しかしごく稀に、誤りを認めることを拒み、自分の解釈に固執する人がいます。そうなるといわゆるトンデモ理論です。筆者は天文学会で、ミルン宇宙論に似たトンデモ理論の講演を聞いたことがあります。(ただし、ミルン宇宙論は発表された当時は真面目な宇宙モデルの一つでした。トンデモ理論ではありません。)

ホイル、無から物質を創造する

あるいはまた、宇宙膨張は認めながらも、未来永劫過去永久変化しない宇宙論も提案されました。

その一つは、英国ケンブリッジ大教授のフレッド・ホイル（1915-2001）などが唱えた、物質連続創造説と呼ばれる理論です。(注4、5)

物質連続創造宇宙は、ルメートルの膨張解と同様、一般相対論に（おおむね）従って膨張します。そのためハッブルの法則はこの宇宙でも成り立ちます。

ルメートルの膨張解だと、膨張につれて宇宙の密度は低下し、徐々にすかすかになっていきます。つまり過去には宇宙は高温・高密度でした。

けれども物質連続創造説では、膨張しても宇宙の密度は低下しません。真空中に新たに物質が湧き出てくるからです。何もない無からぽこぽこ物質が出現するというのがこの宇宙モデルの本質です（図4-5）。

これは、質量保存の法則やエネルギー保存の法則など、物理学の基本的な法則をいくつも破っています。そんな莫迦な、といいたくなります。

けれども、と物質連続創造論者は反論します。宇宙の密度を定常に保つために必要な物質創造量は、ごくわずかなものです。

最初の見積りでは、1立方キロメートルの空間に1年間あたり水素原子が1000個もぽこぽこ生じれば、宇宙の密度を定常に保つことができるということでした。質量保存の法則やエネルギー保存の法則がこれくらい破れていても、これまでの人類の実験や測定では気づかなかったでしょう。だから質量保存の法則やエネルギー保存の法則が成り立つと思い込んできたのです。実際には、宇宙では、これくらいの物質創造が常に起きていたのです。というのが物質連続創造論者の主張です。

物質連続創造宇宙では、宇宙の膨張にともなって銀河と銀河の距離は離れていきます。しかし銀河と銀河の間の広大な空間では、徐々に水素原子かあるいは他の粒子が生まれてきて、積もり積もってガスとなり、重力で集まり、長い年月の間には新しい星や銀河を作ります。そのため、時間が経っても、宇宙の密度は一定に保たれ、何十億年経っても何百億年前の過去でも、変わらない宇宙の光景が広がっているのです。

物質連続創造宇宙は、物理法則の変更を必要とする点で無理がありますが、いつまでも変わらない定常宇宙は大変に魅力的です。そのためこの宇宙論は一定の人々に強くアピールしました。

残念ながらこの魅力的な宇宙論も、後述の宇宙マイクロ波背景放射をはじめとする多くの観測結果と矛盾します。しかし現在でも時折、物質連続創造説に基づく「異端」の論文が投稿・発表されることがあるのが面白いところです。それだけ定常的な宇宙が魅力的だ

このごろ銀河が
遠くなった
宇宙膨張につれて
銀河が離ればなれ
に……
と、思ったら
新しい銀河が
生まれた！
無から物質が
生成し、新たに
銀河が誕生
ポン

図4-5 物質生成宇宙

ということでしょう。

アインシュタインしくじる

ハッブルの最初の測定値に少々難があっても、宇宙膨張という基本に間違いがないとなると、定常解はこの宇宙に当てはまらない非現実的な解です。

そうなると、定常解を成立させるために重力方程式に潜り込ませた「宇宙項」は、もう存在理由がありません。理由がないからといって存在しないとも言いきれないのですが、アインシュタインはこれがもはや無用の長物と感じたようです。彼は宇宙項を加えたことを「人生最大のしくじり」と語ったといいます。(注6)

ただし、この逸話を伝えているのは、おふざけが好きで話のうまい、ロシア生まれソ連出身のアメリカ人研究者ジョージ・ガモフ（1904-1968）です。誇張や冗談が含まれている可能性は否定できません。

ところで余談ですが、世紀の天才アルベルト・アインシュタインは波乱の人生を送ったことでも知られます。1900年にスイス・チューリッヒ工科大学を卒業したものの、研究職には就けず、スイスの特許局に就職しました。そして仕事の合間に、特殊相対論や光電効果などについて、ノーベル賞級の輝かしい論文を発表しました。（特許局の仕事はどれほど真面目にこなしていたのか心配になります。）

あまり知られていませんが、同時期、アインシュタインは大学の同級だったミレヴァ・マリッチ（後の妻）と交際し、妊娠させています。ミレヴァはハンガリー（現在のセルビア）で女児を出産しました。女児はすぐに養子に出されたか、間もなく死亡したと推定されますが、後の科学史家の調査でも、行方はわかりませんでした。

1933年、ユダヤ人への差別政策を掲げるナチスがドイツで政権をとると、ユダヤ人であるアインシュタインと2番目の妻エルザはアメリカに亡命します。

第二次世界大戦が始まると、ナチスの勝利を恐れたアインシュタインは、立場を同じくするユダヤ系物理学者レオ・シラード（1898-1964）と連名で、当時のアメリカ大統領ルーズベルトに原爆開発を勧める手紙を書きます。これにより、原爆開発計画「マンハッタン・プロジェクト」が開始されます。

しかし原爆が完成したとき、すでにナチス・ドイツは降伏、ヒトラーは自決していました。ルーズベルトの病死によって大統領に昇格したトルーマンは、原爆を日本に使用します。

1945年8月6日、広島に原爆が投下され、続いて9日には長崎に投下されました。少なく見積っても両市合わせて20万人以上が死亡したと推定されています。

原子力が兵器に応用されたことは、世界の科学者に衝撃を与えました。アインシュタインを含む多くの科学者は、核兵器に反対する立場をとるようになります。

このスター科学者は、数々のユーモラスな発言で知られる機知に富んだ人物で、どうも女性にモテたようです。そのためか、最初の妻ミレヴァとの家庭生活は破綻し、2番目の妻エルザも、アルベルトに近づく女性のために苦しんだと伝えられます。

「人生最大のしくじり」発言は、アインシュタインのまきちらす軽口の一つにすぎないかもしれません。しかしこれがもし本心ならば、彼にとっては、家庭の破綻よりも、大量殺戮兵器の開発よりも、宇宙項の方が大きなしくじりだったことになります。（ただし、ガモフがこの発言をアインシュタインから聞き出したのは、マンハッタン計画以前のことだった可能性はあります。）

宇宙マイクロ波背景放射

エアコンでわかる初期宇宙の描像

さてやがて、膨張解には新たな観測的証拠が得られます。宇宙マイクロ波背景放射です。これについて説明しましょう。

膨張解は、宇宙が数十億年前か数百億年前に「原初の原子」から始まったと主張する奇抜な理論です。

人を驚かす奇抜な理論が大好きなガモフは、当時、大学院生のラルフ・アッシャー・アルファー（1921-2007）とともに、この原初の原子の性質を研究しました。

ガスでも液体でも固体でも、物質というものは、圧力をかけて体積を小さく圧縮すると、温度が上昇します。反対に膨張させると温度が下降します。エアコンや冷蔵庫はこの原理を応用して部屋や食材を冷却する装置です。

室内を冷やすには、まず冷媒と呼ばれる物質を膨張させます。すると冷媒の温度が下がるので、これで室内の温度を下げます。温まった冷媒は室外へ運んで圧縮します。一時的に冷媒の温度が上昇しますが、やがて室外の温度程度に冷めます。

これをまた室内で膨張させるサイクルを繰り返すと、だんだん室内の温度が下がっていくという原理です。冷媒には、圧縮すると液体になるような気体を用いると、ますます効率がよくなります。

すると、宇宙も昔小さかった頃は温度が高かったはずです。遠くの銀河も近くの銀河も、数十億年前か数百億年前には渾然一体となって狭い空間にぎゅうぎゅう詰め込まれ、宇宙全体が高温・高密度の状態にあったことになります。

通常の物質が気化する高温のもとでは、恒星も惑星も存在できません。将来恒星や惑星になる材料はガスとなって初期の宇宙を満たしていました。超高温によって原子は壊れ、電子と原子核がばらばらになり、さらに原子核も壊れ、あたりを陽子と中性子が飛び回っていたでしょう。

これが超高温・超高密度の初期宇宙の描像です。

宇宙物質98パーセントの由来を見事に説明

もっと過去に遡るともっと高温になり、陽子と中性子も分解してクォークになってしまうはずですが、ガモフとアルファーが初期宇宙に取り組んだ頃にはクォークの存在は知られていなかったので、彼らの研究は原子核が壊れる温度を取り扱いました。

超高温・超高密度の初期宇宙が膨張し、陽子と中性子とその他の成分の混合ガスの温度が冷えていく中で、陽子と中性子がくっつきあって最初の原子核が生じたというのがガモフとアルファーの推測でした。

その原子核は次々くっつきあって、もっと重い原子核を生成し、現在宇宙に観察されるような水素やヘリウムや重元素ができた、というところまでガモフとアルファーは大胆に予想しました。初期宇宙の元素合成と呼ばれるプロセスです。

ガモフは1948年にこのアイディアを発表する際、ほとんど研究に加わっていないハンス・アルブレヒト・ベーテ（1906-2005）を共著者に加え、アルファー、ベーテ、ガモフの連名にしました。[注7] そうするとアルファ、ベータ、ガンマの語呂合わせになるからだそうです。奇抜な理論と駄洒落が好きなガモフは、科学教育と啓蒙にも熱心で、多くの科学解説書を書いています。『不思議の国のトムキンス』『宇宙＝（イコール）1、2、3…無限大』などの科学解説書はベストセラーとなり、少年少女に科学の楽しさを教えました。

現在では、残念ながら『アルファ・ベータ・ガンマ論文』の後半は誤りを含んでいることがわかっています。初期宇宙で原子核が合成される際、生成される元素は水素とヘリウムまでで、酸素や炭素はできません。重元素は他のプロセスで合成されます。

ともあれ、水素とヘリウムは現在の宇宙に豊富に存在する元素です。この2元素は合わせて宇宙の物質の98パーセントを占めます。全物質の98パーセントの由来を説明できる理論は大成功といっていいでしょう。『アルファ・ベータ・ガンマ論文』は評判となり、この宇宙の元素組成（の98パーセント）が膨張解の予測と一致することが知られるようになりました。

ホイル、ビッグ・バンを命名する

2年後の1950年、ホイルは、あるラジオ番組に出演して、宇宙膨張説を「宇宙がドカンと始まった説」というようなニュアンスで「ビッグ・バン理論」と呼びました。

ここにおいて、原初の原子などと呼ばれてきた超高温・超高密度の初期宇宙に、ちょうぴったりな名前がつきました。「ビッグ・バン」です。このユーモラスな呼び名はたちまち人口に膾炙して、真面目な宇宙論研究者も含めて世界中で使われるようになりました。

名付け親となったホイルは、ラジオ出演以外に、作家としても活躍していて、科学解説書の他にSF小説を何作も書いています。ビッグ・バンのネーミングは彼のセンスの表われでしょう。

しかし皮肉なことに、ホイルは物質連続創造説を支持する定常宇宙論者で、ビッグ・バン理論に批判的な立場です。ビッグ・バンの名付け親とされるのは不本意かもしれません。

ペンジアスとウィルソン、鳩の糞を掃除する

そして1965年、ビッグ・バン理論の決定的な証拠が発見されます。「宇宙マイクロ波背景放射 Cosmic Microwave Background Radiation（CMB）」という長い名前の物理現象です。（残念ながらホイルのようなセンスを欠いた人が命名したようです。）

アメリカ・ベル研究所のアーノ・アラン・ペンジアス博士（1933-）とロバート・ウッドロウ・ウィルソン氏（1936-）は、衛星からの電波を受信する実験を行なっていて、宇宙からの奇妙な雑音に気づきます。「マイクロ波」と呼ばれる波長の電波が、宇宙のあらゆる方向から、常に変わらない強度でやってくるようなのです。装置に不具合がないかどうか確かめ、巨大なアンテナ（図4-6）についた鳩の糞を掃除することまでしましたが、雑音は消えませんでした。

この放射は、摂氏マイナス270度という極低温の物体からの黒体放射に相当しました。

まるで、頭上が摂氏マイナス270度の壁で覆われているかのように、空一面がマイクロ波で輝いています。

ビッグ・バン理論の支持者は、これが何を意味するのか、ただちに思い当たり、そして狂喜しました。

これはビッグ・バンの名残の光です。ペンジアス博士とウィルソン氏のアンテナはビッグ・バンを観測したのです。

ビッグ・バン当時、全宇宙は超高温の黒体放射で満たされていました。電磁波、つまり光子は、そこら中の電子やら陽子やらその他の粒子に吸収されたり放射されたりを引っ切り無しに繰り返していました。

宇宙の膨張が進行し、温度が下がると、電子やら陽子やらは結合し、中性の水素原子や中性のヘリウム原子になりました。中性の原子になると電磁波を吸収したり放射したりしないので、光子はそこらの空間を飛びっぱなしになります。

中性水素が生じたのは宇宙の温度が4000度程度に低下したとき、ビッグ・バンの瞬間から38万年後と考えられています。このイベントは「宇宙の晴れ上がり」と呼ばれます。以来、宇宙は膨張を続け、現在に至ります。宇宙の大きさは約4万倍に広がりました。

図4-6　15mホームデル・ホーン・アンテナ

ニュージャージー州ホームデルにある、ベル研究所のアンテナ。長さ15m、質量18t。これによって、宇宙マイクロ波背景放射が発見された。1962年6月撮影。提供:NASA。

飛びっぱなしの光子は、飛んでいる空間が広がるにつれて波長が伸び、エネルギーの高いガンマ線だったのが紫外線に変化し、さらに可視光程度になり、もっと間延びして赤外になり、しまいにはマイクロ波になりました。

そうするとこの光子からなる黒体放射の温度は下がります。初めは4000度だった黒体放射は現在ではマイナス270度という極低温に冷えました。

これがペンジアス博士とウィルソン氏のアンテナに飛び込んできたマイクロ波の正体でした。このCMB

はビッグ・バン以来飛び続けてきた光子のなれの果てというわけです。

宇宙マイクロ波背景放射がもたらしたもの

ＣＭＢを観測することはすなわち、ビッグ・バンの頃の宇宙を観測することです。この観測により、初期宇宙の状態と、宇宙を表わす膨張解についてさまざまなことがわかります。

現在では精密観測により、ハッブル定数、宇宙の年齢、宇宙の物質量などが詳しく求められています。例えば最新のデータによると、ビッグ・バンが起きたのは13799000000±21000000年前、つまり約１３８億年前です。

ＣＭＢの発見により、ビッグ・バン理論はその有効性が知れ渡りました。ＣＭＢはビッグ・バン理論の強力な証拠です。ペンジアス博士とウィルソン氏は１９７８年のノーベル物理学賞を受賞しました。

話を宇宙論に戻しましょう。

観測データが出揃わないうちは、この宇宙に当てはまる宇宙モデルはどんなものか、わりとルーズに想像を巡らすことができます。しかしCMBのような証拠が現われると、そうはいかなくなります。発表される宇宙解や宇宙モデルは、CMBと矛盾しないかどうかテストされます。このテストに合格しないと、現実的なモデルとは見做されません。

もちろん、非現実的な解であっても、一般相対論を用いる頭の体操あるいはパズルという意義はあります。が、この宇宙の成り立ちを説明し、私たちがなぜ存在するかを明らかにするという宇宙論の深遠で偉大な目的には沿いません。

CMBの発見によって、宇宙論分野は、気宇壮大な思いつきを気ままに発表し、ホントのところはどうせ人類にはわかりゃしないのさ、とニヒルにかまえる数学者・神学者・作家のクラブから、小数点以下の精度で宇宙論パラメータを決定する精密科学に生まれ変わりました。

宇宙膨張を説明し、CMBテストに合格する、現在主流の宇宙論は、1972年から「標準宇宙論」と呼ばれるようになりました。こういう表現は、これが正統でそれ以外は異端・はみ出し者と仄(ほの)めかしているわけで、なかなかうまいプロパガンダです。

けれども精密で標準的な宇宙論が確立されると、あらゆる異端は帰依するかそれとも撲滅されるかの選択を迫られる、というわけでもないようです。

宇宙膨張やＣＭＢがますます精密に測定されている現在でも、時折、既存の物理法則をいくつかすっとばし、細かい測定値は気にしない、大雑把で大胆な宇宙論が発表されます。ドップラー効果を銀河の速度ではなく、まったく未知の物理効果のせいにしたり、もはや定常宇宙とは無関係に物質を生成させたりするそれら異端の宇宙論は、主流派の支持は得られないものの、今後も絶滅することはなさそうです。

また、宇宙は宇宙で、人間が観測技術を進歩させるたびに、想像を超える未知の側面を見せてくれます。

宇宙に漂う未知の物質「ダーク・マター」の存在や、正体不明の「ダーク・エネルギー」の発見は、標準的なはずの宇宙論を揺るがしています。ダーク・エネルギーは、かつてアインシュタインが「人生最大のしくじり」と呼んだ宇宙項を、宇宙論に復活させました。

こうした、正統的標準宇宙論を揺るがす新事実とその解釈については、次の章で紹介しましょう。

タブー5

ダーク・マターとダーク・エネルギー

宇宙空間に、普通の物質と異なる「物質」が大量に漂っていることは、天文学者を悩ます謎でした。

その正体不明の物質は可視光も電波もださず、宇宙をいくら観測しても捉えることができません。仕方ないので「見えない物質」という意味で「暗黒物質（ダーク・マター）」と名づけられました。

ダーク・マターは「ある種の素粒子ではないか」という意見が主流ですが、どんな地上実験でもその素粒子が確認できず、謎は深まるばかりです。

一方、最新の観測から宇宙膨張の加速が見つかり、これは見えないエネルギー、つまり「暗黒エネルギー（ダーク・エネルギー）」が宇宙を満たしている証拠と考えられています。

しかしダーク・マターやダーク・エネルギーなど、正体不明の存在を次々取り入れないとつじつまが合わなくなるのは、そもそも「アインシュタインの重力理論が間違っているからではないか」という深刻な疑念も浮かんでくるのです。

「見えない物質」見つかる

僕らはみんな「天の川銀河人」

ここで宇宙をちょっと整理しておくと、「銀河」とは、恒星やガス（と、これから紹介するダーク・マター）の集合で、さしわたし数万光年〜数十万光年の巨大な天体です。

私たちの暮らす「天の川銀河」は、約1000億個の恒星からなる結構立派な銀河です。私たちの太陽はこの1000億の恒星の一つにすぎません。恒星が1000億個も集まると、1個1個を目で見分けることはできないので、天の川銀河を遠くから眺めると、ぼうっと輝く雲のように見えることでしょう。

ただし天の川銀河を外から眺めた地球人（天の川銀河人）はまだいません。天の川銀河の全貌が見渡せるほど遠くにロケットや探査機を飛ばすには、最低でも10万年はかかるためです。

銀河はこの宇宙にたくさん浮いています。例えば大マゼラン星雲、小マゼラン星雲、アンドロメダ銀河などは、御近所といってもいいほど近く（16万光年〜250万光年）にある銀河で、肉眼でも見えます。アンドロメダ銀河は、天気のよい秋の晩に、街灯やコンビニの灯のないところで空を見上げると、アンドロメダ座のあたりに見えるぼんやりした雲のような天体です。一方、大小マゼラン星雲は南天にあるので、南半球に出かけていかないと見えません。

銀河は概して遠くにあるので、肉眼で見える銀河はこの三つくらいです。宇宙の（原理的に）観測できる範囲には数千億個の銀河があると推定されていますが、肉眼で見えるのはほんの一握りなので、銀河は目では見えないといっていいでしょう。

そして数千億個の銀河のうち、望遠鏡で確認されて位置などが記録されているものは、数百万個というところです。圧倒的多数の銀河は観察されたことも記録されたこともなく、そこにあることに人類は気づいていません。人類は宇宙をほとんど知らないのです。（これがこの章のテーマです。）

宇宙最大の天体・銀河団

銀河がどのようなものか思い出したところで、次に「銀河団」という存在を紹介しましょう。

宇宙に浮かぶ無数の銀河は、まんべんなく均等に散らばっているわけではありません。銀河がメダカのように群れ集っているところがそこかしこにあり、「銀河群」とか「銀河団」と呼ばれます。銀河群は銀河が数十個以下の小さな群れ、銀河団は数百個の大きな群れを指しますが、本書ではどちらも大雑把に銀河団と呼ぶことにします。

銀河団の大きさはさしわたし数百万光年から1000万光年で、銀河団と銀河団の間には、銀河がほとんどない空っぽの領域が広がっています。銀河団は宇宙最大の天体です。

私たちの天の川銀河は「局部銀河群」という銀河群のメンバーです。(またまた紛らわしい固有名詞の登場です。どうして天文学者は太陽系とか銀河系とか局部銀河群とか、自分の住む天体を妙に謙遜した没個性的な名前で呼ぶのでしょうか。)

この集団に属する最大の銀河はアンドロメダ銀河です。大小マゼラン星雲もまたこのメンバーで仲間です。

局部銀河群はなにしろ私たちの住む銀河団なので、最も詳しく調べられていて、小さくて暗い銀河も含めると何十ものメンバー銀河が見つかっています。

余談ですが、銀河団の真ん中には巨大な「楕円銀河」が主(ぬし)のように鎮座していることがよくあります。楕円銀河はおそらく銀河同士が衝突・合体を経て形成されたものと考えられています。我らが局部銀河群にはそういう主のような楕円銀河はいませんが、天の川銀河とアンドロメダ銀河は数十億年後に衝突・合体し、楕円銀河になると予想されています。数十億年待てば、局部銀河団の主の誕生が見られるかもしれません。

ツヴィッキーの「冷たくて暗い物質」

1933年、カリフォルニア工科大のフリッツ・ツヴィッキー（1898-1974）は、（ハッブルが宇宙膨張を発見したのと同じ）ウィルソン山天文台の大型望遠鏡で、髪座銀河団の質量を測定しました。ツヴィッキーの考案した測定手法を説明しましょう。

よく見ると、銀河は銀河団の中をうようよ動き回っています。銀河団という水槽の中を泳ぐメダカのようです。しかし銀河団を離れて外へ飛び去ってしまうことはありません。水槽の外に飛び出すことはないのです。銀河団の重力で引っ張られているため、しばらく（数十億年）経つと、カーブを描いて中心方向へ舞い戻ります。人類はまだそれほど長いこと観察を続けていないので、カーブを描く現場を目撃してはいないのですが、おそらく描くはずです。だから銀河団はメンバーの銀河を失うことなくいつまでも存続できるのです。

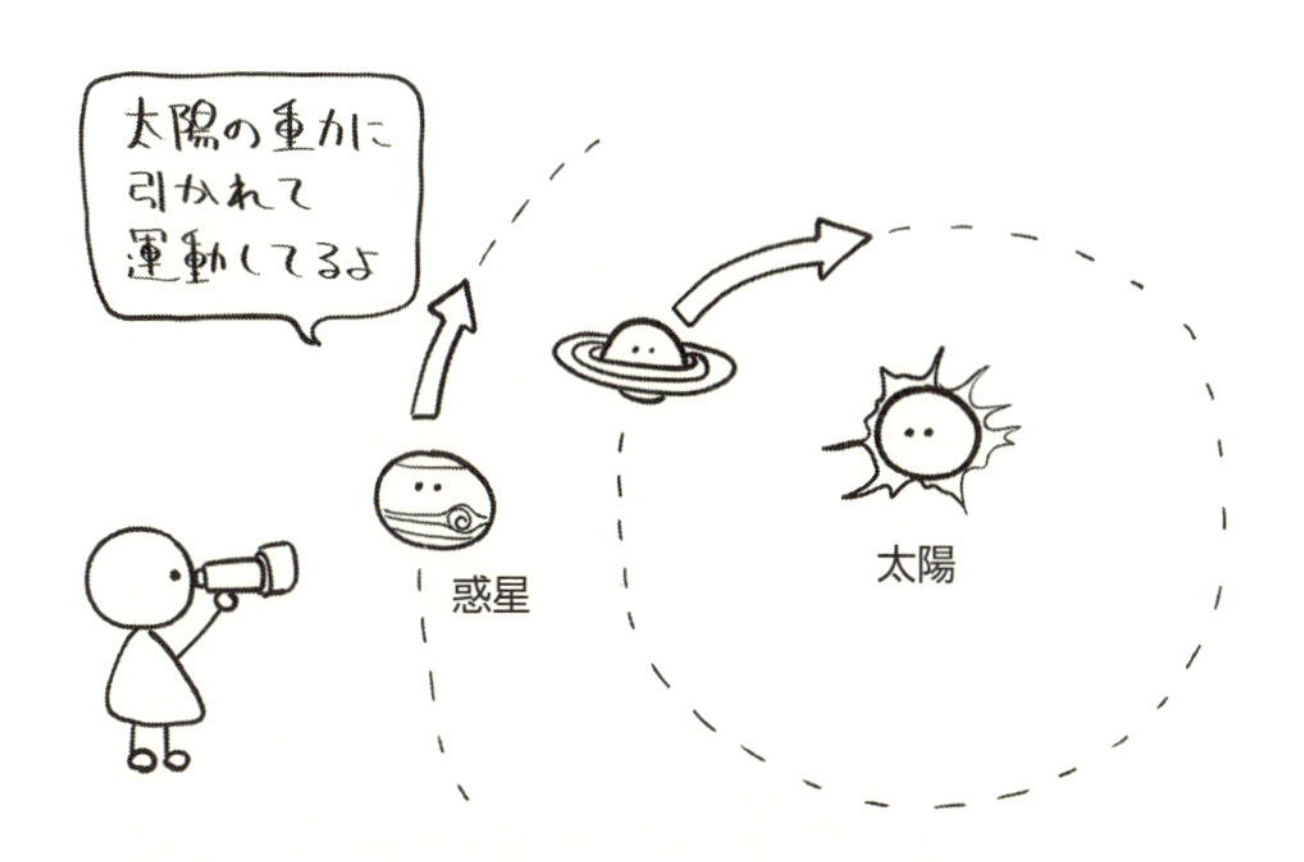

惑星の速度から太陽の質量がわかる

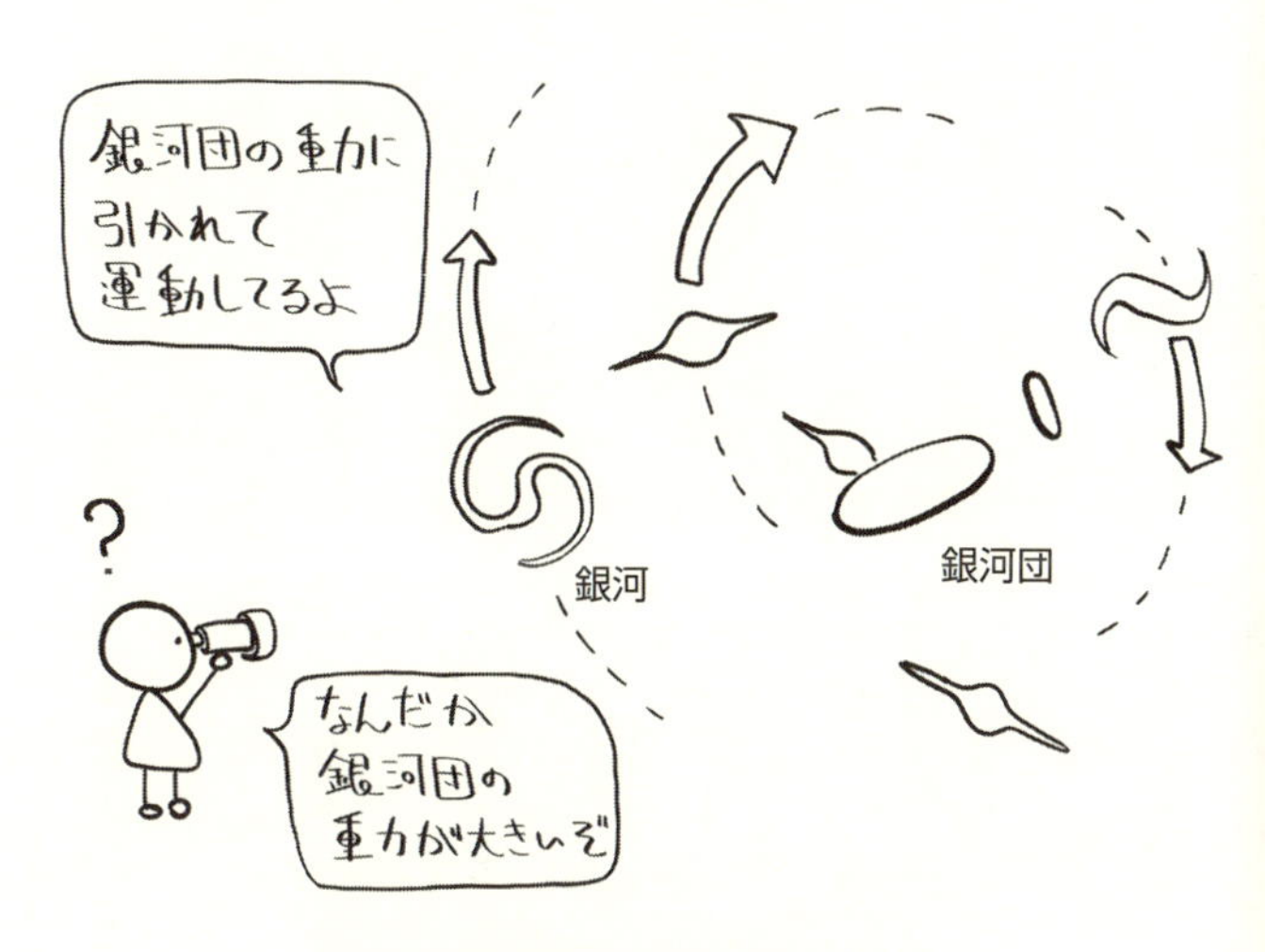

銀河の速度から銀河団の質量がわかる

図5-1 銀河団の質量の測り方

銀河団のメンバー銀河が重力によって捕まえられているようすは、「重力で束縛されている」といったりします。

そういう銀河のうようよ動く速度を測定すると、あるいはプロっぽくいって「速度分散」を測定すると、それを束縛している銀河団の重力が見積れます。重力がわかれば、そこから銀河団の質量が測れます（図5－1）。

このようにして重力から算出した質量は、重力源の正体がどんな種類の物質であってもどんな観測しにくい天体であっても見逃すことなく測定できるので、信頼できる確実な値と思われます。

この手法を使って、銀河団という宇宙最大の物体の質量をツヴィッキーは初めて測定し、そして結果に興奮しました。求められた質量が大きすぎるのです。

銀河団は銀河の集まりで、銀河は恒星とガスの集まりです。だから恒星とガスの質量を足すことによって、別の方法で銀河と銀河団の質量が見積れます。そうやって見積った「見える質量」よりも、重力から求めた銀河団の質量が大きいのです。現在の測定値では、銀河団の質量は見える質量の5倍ほどもあります。

銀河団の質量のほとんどを占めるこの見えない質量を、ツヴィッキーは霊感に導かれてか、「冷たくて暗い物質」と（ドイツ語で）呼びました。

この呼び名は、ツヴィッキーや当時の人々が思っていたよりも正確でした。その50年後、この物質は、性質がある程度わかってきて、「コールド・ダーク・マター（冷たい暗黒物質）」と呼ばれるようになります。発見されたばかりで（というか、今でも）その正体が皆目わからないのに、どうしてこうも予言的な呼び名を思いついたのでしょうか。

驚くべき先駆性と残念すぎる人格

ツヴィッキーは時折こういう驚くようなインスピレーションを発揮しました。その典型的な例が超新星の研究です。

1934年、ツヴィッキーは同僚のヴァルター・バーデ（1893-1960）と共同で、ウィルソン山天文台で超強力な爆発現象を発見し、「超新星（スーパー・ノヴァ）」と名づけて発表しました。（ウィルソン山天文台は大活躍です。）

超新星の発見だけでも大成果ですが、ツヴィッキーの発想はそこにとどまりませんでした。超新星を、1932年に発見されたばかりの新粒子「中性子」と結びつけ、恒星が中性子の巨大な塊「中性子星」に変化することによって超新星爆発が起きるという、きわめて正確な仮説を発表しました。

しかしその主張を検証する観測技術も観測データも当時は存在せず、ツヴィッキーの途方もないシナリオは人々を面白がらせただけで、その後長いこと放置されました。33年後、実際に中性子星が発見され、ツヴィッキーの驚くべき先駆性が明らかになりました。

ツヴィッキーが乱発する論文や講演は、奇抜な着想に満ちているものの、その論旨は説得力や根拠に欠けていました。当時カリフォルニア工科大の学生だったウィリアム・ファウラーは、ツヴィッキーの発表には、他人に対する激しい攻撃がしばしば含まれていたと証言しています。駄法螺ばかり吹き、他人は全て間違っていると確信し、教養がなく、自己抑制がきかない人物だったと、さんざんな言われようです。

（人格に問題があるといわれる研究者は時々いらっしゃるもので、本書にもこれまで何人か、そういう残念な科学者が登場しました。才能と人格は無関係なので、健全な科学が健全でない精神に宿ることはあります。主張が正しいなら人格を問わない科学の業界は大変公正で平等だといえます。けれどもツヴィッキーの発表は根拠がないといわれていて、これは研究者としても駄目です。）

ともあれ、銀河団のメンバー銀河のうようよ動く速度を測定すると銀河団の質量がわかるというツヴィッキーの手法は、銀河団に広く適用されるようになります。

そして適用されるたびに、そうやって求めた質量が、恒星やガスなどの観測できる質量よりも大きいことがわかりました。銀河団を満たす高温ガスを観測するなど、他の手法による質量測定の結果も同様でした。また、個々の銀河も大量の見えない質量を持つことが判明しました。銀河団と銀河は見えない質量を大量に含んでいたのです。

「ダーク・マター」の発見です。

ダーク・マターの正体は何か？

ダーク・マターは光らない星説

超新星だとかビッグ・バンだとかブラック・ホールだとか、きらきらしい専門用語を輩出する天文学業界ですが、中でも暗黒物質(ダーク・マター)と暗黒(ダーク)エネルギーは、その怪しげな響きといい正体が不明のところといい、派手な科学用語のトップクラスでしょう。ただしこれまで説明してきたように、「暗黒(ダーク)」とは単に、「見えない」「検出できない」くらいの意味です。

さてそれでその怪しいダーク・マターの正体は何でしょうか。人々は思いつく限りのアイディアを提案しました。

惑星や彗星のような、自ら光らないちっぽけな星が、宇宙空間にたくさん浮かんでいるのでは、という説は真っ先に思いつくところです（図5-2）。まずこの可能性を検討してみましょう。

ちっぽけな星が、太陽のような恒星とちがって、自ら光らない理由は、単に質量が小さいからです。もしも質量の大きな惑星や彗星があれば、内部の密度と温度が高まって、核融合が生じます。そうなると、質量の大きな惑星や彗星は熱と光を放射する恒星となってしまい、望遠鏡で観測できてしまうので、ダーク・マター失格です。

また一方、ちっぽけな星はちっぽけすぎてもダーク・マター候補失格になります。質量の小さな天体は水素ガスをうまく保持できません。水素は宇宙の質量に占める割合が圧倒的なので、これを捕まえ損なった小天体は、宇宙の質量のほとんどを取り込めないことになります。これではダーク・マターになりえません。

そうするとダーク・マターを小天体で説明するには、水素を保持できるほど質量が大き

図5-2 木星型天体説

く、ただし核融合を起こすほど大きくもない、木星程度の星が大量に必要となります。どれほど大量かというと、太陽のような恒星1個につき、木星程度の小天体が5000個存在する勘定になります。

こういう小天体型ダーク・マター候補は、「黒色矮星」「褐色矮星」「木星型天体」「マイクロレンジング天体」「MACHO」など、質量や分布、性質、提唱者の好みなどに応じてさまざまな呼び名がついています。

これら小天体を検出する試みは現在も行なわれていますが、観測データによれば、総質量で恒星の5倍、数で5000倍もの量はなさそうです。

小天体型ダーク・マター候補には、他にもいくつか観測と合わない性質があり、ダーク・マターの主成分ではないだろうと現時点では考えられています。

ダーク・マターはブラック・ホール説

光を出さない物体といえばブラック・ホールです。ダーク・マターの正体はブラック・ホールだという仮説は、正体不明なものを正体不明なものでやっつける乱暴さと魅力があります。

天の川銀河内、あるいは局部銀河群の隙間の闇に、いったいいくつのブラック・ホールがひっそりたたずんでいるのか、正確な数は誰にもわかりません。そういう意味ではこの説は完全に否定することができないのですが、観測されているブラック・ホールから推定すると、やはりダーク・マターの全てをブラック・ホールで説明するのは難しそうです。

タブー2で紹介したように、2017年現在、観測されているブラック・ホールにはいくつか種類があります（図5-3）。

一つの種族は、太陽質量の数十倍程度のブラック・ホールと普通の恒星がペアをなす連星系で、「ブラック・ホールX線連星系」と呼ばれます。恒星のガスがブラック・ホール

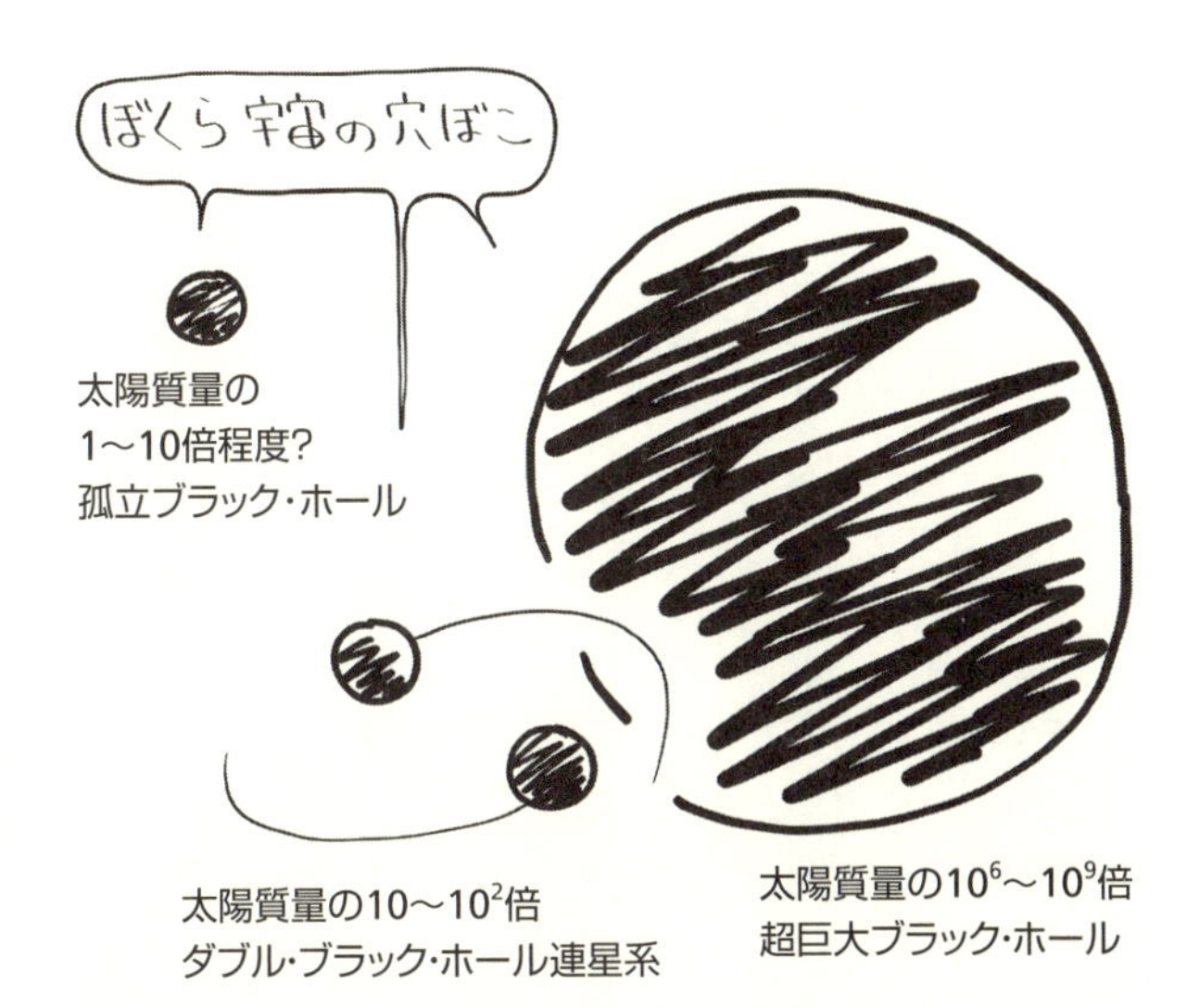

図5-3 ブラック・ホール説

に流れ込む際にX線を放射するので、X線望遠鏡で見つけることができるのです。

これは私たちの天の川銀河内で数十個検出されています。どうして「数十個」と曖昧な言い方をするかというと、X線を出す連星系の中には、ブラック・ホールか中性子星か今のところ判断のつかないものがあるからです。

ブラック・ホールX線連星系自体は数が少なく、しかも観測できるので、ダーク・マター候補にはなりません。けれどもブラック・ホールX線連星系の数からは、連星系になっていない孤立ブラック・ホールの数を見積ることができます。それによると、太陽質量の数十倍程度の孤立ブラック・ホールは、全部合わせても、普通の恒星の和の5倍はないでしょう。やはりダーク・マター候補としては失格です。

暗くて重いが、量が足りない

太陽質量の数十倍〜100倍程度のブラック・ホールの数を見積る別の手段が最近実現しました。重力波です。

2015年9月14日には、史上初めて重力波が検出されました。太陽質量の36倍と29倍のブラック・ホールが衝突・合体し、62倍のブラック・ホールになることによって生じた重力波です。

この発見により、太陽質量の数十倍〜100倍程度のブラック・ホールが宇宙で頻繁に衝突を起こしているようだとわかりました。そういう種族をここでは「ダブル・ブラック・ホール連星系」と呼んでおきます。正式名称ではありません。

本格稼働を開始した重力波検出器は、次々とブラック・ホールの衝突・合体を報告しました。どうも太陽質量の数十倍〜100倍程度のブラック・ホールは、従来考えられていたよりもたくさんあるようです。

ただしそれでもダーク・マター候補としては足りないと思われます。また、そういうブラック・ホールが分布する場所は、銀河内の恒星の分布する場所と、おそらくあまり変わらないでしょう。そうすると、ダーク・マターの存在する場所と少々食い違います。

ブラック・ホールのまた一つの種族は超巨大ブラック・ホールという連中で、これは1個の質量が太陽の数百万倍〜数百億倍もあります。よその銀河の中心部を観測すると、そこに超巨大ブラック・ホールが見つかるのです。

おそらくこういう超巨大種族は、太陽の数十倍〜100倍程度のブラック・ホールが、合体に合体を繰り返して肥え育ったものと推定されています。

これはこれできわめて重要な研究対象で、大勢の天文学者が夢中になって取り組んでいます。しかしダーク・マター候補としては、総質量も存在する場所も、残念ながら外れです。

ブラック・ホールは暗くて重いので、ダーク・マター候補に推薦したくなりますが、見つかっている種族はどれも、検討してみると、候補として不適格だとわかります。見つかっていないものも、ダーク・マターを説明できるほど大量にあるとはやはり思えないのが現状です。

ダーク・マターはニュートリノ説

木星型天体だとかブラック・ホールといった天体ではなく、もっともっと小さな、ミクロな粒子が宇宙空間に満ちていて、それがダーク・マターの正体だというアイディアはどうでしょうか。

結論からいうと、現在ダーク・マター候補としてもっとも有力なのは、何らかの素粒子だろうと考えられています。他の候補がみな駄目だという消去法のような結論ですが。

素粒子のうち、プラスやマイナスの電荷を持つものは、電磁波を吸収したり放出したり、つまり光ります。そのためダーク・マター候補として不適格です。また安定で、いつまで待っても崩壊したりしない（陽子のような）素粒子でないと、宇宙開闢（かいびゃく）以来の１３８億年間に壊れてしまうので失格です。

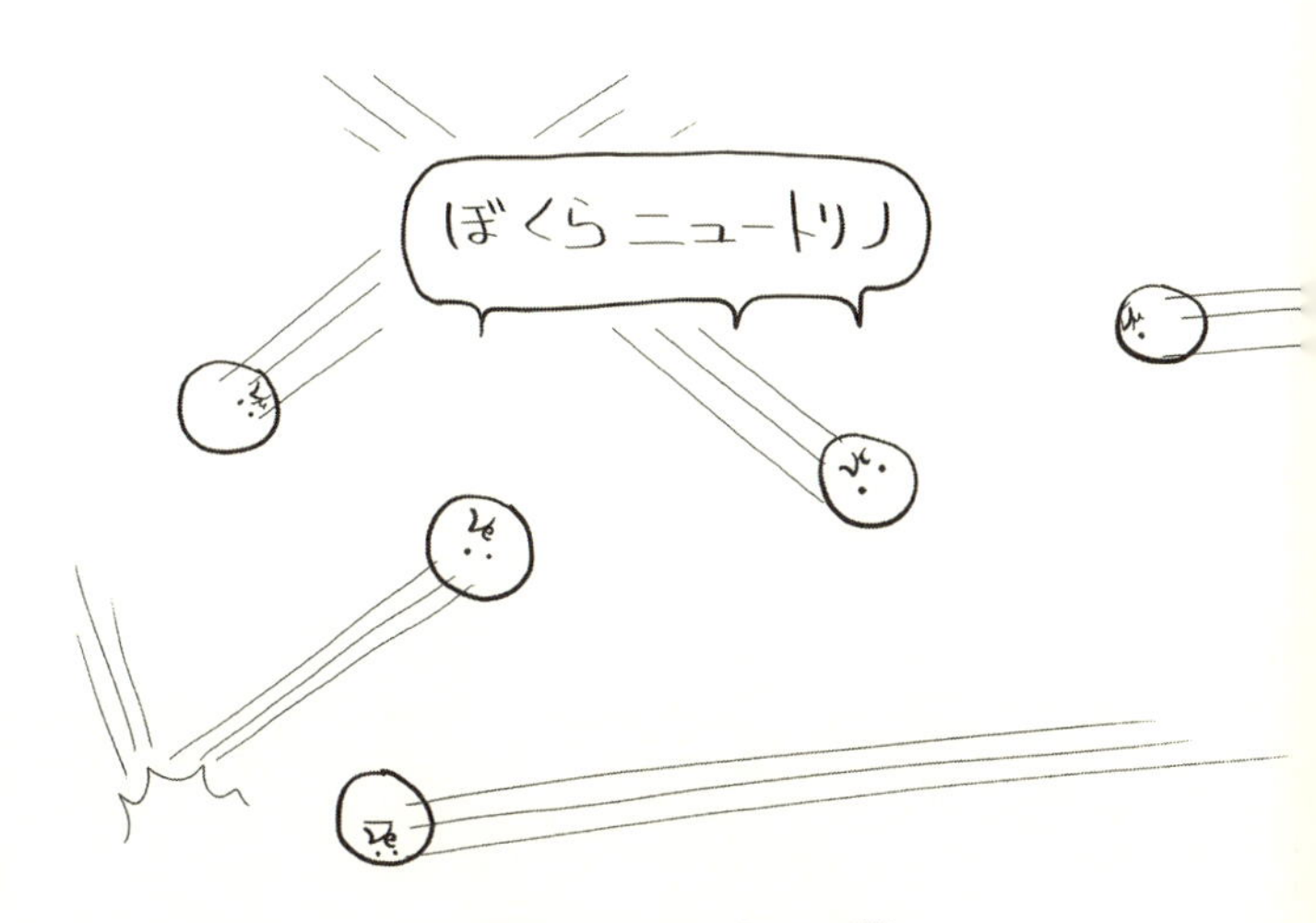

図5-4　ニュートリノ説

　そういう素粒子でまず検討されたのがニュートリノです（図5-4）。ニュートリノは質量があるんだかないんだかわからないほど軽い素粒子として紹介しました。しかしそんな吹けば飛ぶような存在でも、大量にあればダーク・マターを説明できるかもしれない、という希望が盛り上がったことがありました。

　ビッグ・バンのさなか、超高温・超高密度のもとでは、ニュートリノや他の粒子が盛んに作られたり消滅したりしていました。間もなく温度が下がって、ニュートリノが作られたり消滅したりする反応が停止するのですが、停止時に、宇宙には大量のニュートリノが作られたまま残されたと考えられています。

ニュートリノはなにしろ安定だし、普通の物質と衝突して壊れたりはまずしないので、ビッグ・バン以来138億年間宇宙空間をさすらい続け、今もどこかを飛んでいます。これを「宇宙ニュートリノ背景放射」と呼んだりするのですが、こいつがダーク・マターの正体と考えれば、色んな謎が一挙に解けた、というわけです。

思ったより軽かった

しかしダーク・マター＝(イコール)ニュートリノ説の支持者にとって残念なことに、同時に他の説の支持者にとっては喜ばしいことに、ニュートリノ1個の質量は思ったより軽いことがだんだんわかってきました。

一方、ダーク・マターの正体粒子は（もしも粒子なら）重くて動きが遅いだろうということもだんだんわかってきました。もしも軽くて速い粒子がびゅんびゅん飛び回っているとすると、そいつらは互いの重力で引かれて寄り集まったりしません。すると濃いところと薄いところのむらむらができません。銀河や銀河団というものは、ダーク・マターの濃いところに引かれて集まった通常物質にすぎないので、ダーク・マターの濃いところができなければ銀河も銀河団もできないことになります。

つまり、現在の宇宙に銀河や銀河団が存在するのは、ダーク・マターの正体粒子が重くて遅くてむらむらしているためなのです。

重くて遅いダーク・マターというモデルは、1983年頃に「コールド・ダーク・マター」と命名されました。「冷たくて暗い物質」です。1933年のツヴィッキーの言葉が新たな意味を与えられて復活しました。1974年にこの世を去ったツヴィッキーは自分の予言がまた当たったとあの世で威張ったことでしょう。

そして1987年には、カミオカンデが超新星1987Aからのニュートリノを検出します。この予期しない大成果は物理学の各方面に衝撃をもたらしましたが、素粒子物理学においては、ニュートリノの質量に厳しい上限をつけました。ニュートリノはめちゃくちゃ軽いのです。

ニュートリノは超新星1987Aの爆心で生成され、運動エネルギーを与えられて、宇宙空間に飛び散りました。運動エネルギーを与えられた物体は、質量が小さいほど大きな速度で飛んでいきます。重いと遅くなります。そして1987Aを出発したニュートリノは、16万年間飛び続け、超新星の光とほぼ同時に地球に到達して検出されました。16万年間飛び続けても光とほとんど差がないということは、ニュートリノの速度がほぼ光速だということです。これはニュートリノがきわめて軽いことを示しています。

２０１７年現在では、他の実験結果も合わせて、電子ニュートリノの質量は水素原子の10億分の2未満と見積られています。兄弟のミュー・ニュートリノ、タウ・ニュートリノもおそらく似たような質量でしょう。このため、ダーク・マター＝ニュートリノ説は説得力を失っています。

アクシオンか超対称性粒子か何らかの素粒子説

これまで判明したところでは、コールド・ダーク・マターの正体粒子は、少なくとも次のような性質を持っていないといけません。

- ・ビッグ・バンで作られてから１３８億年経過しても壊れないほど安定。
- ・電荷を持たず、電磁波を吸収も放射もしない。
- ・反応性が低く、既知の物質をやすやすと通り抜ける。
- ・速度が遅いのでむらむらができる。

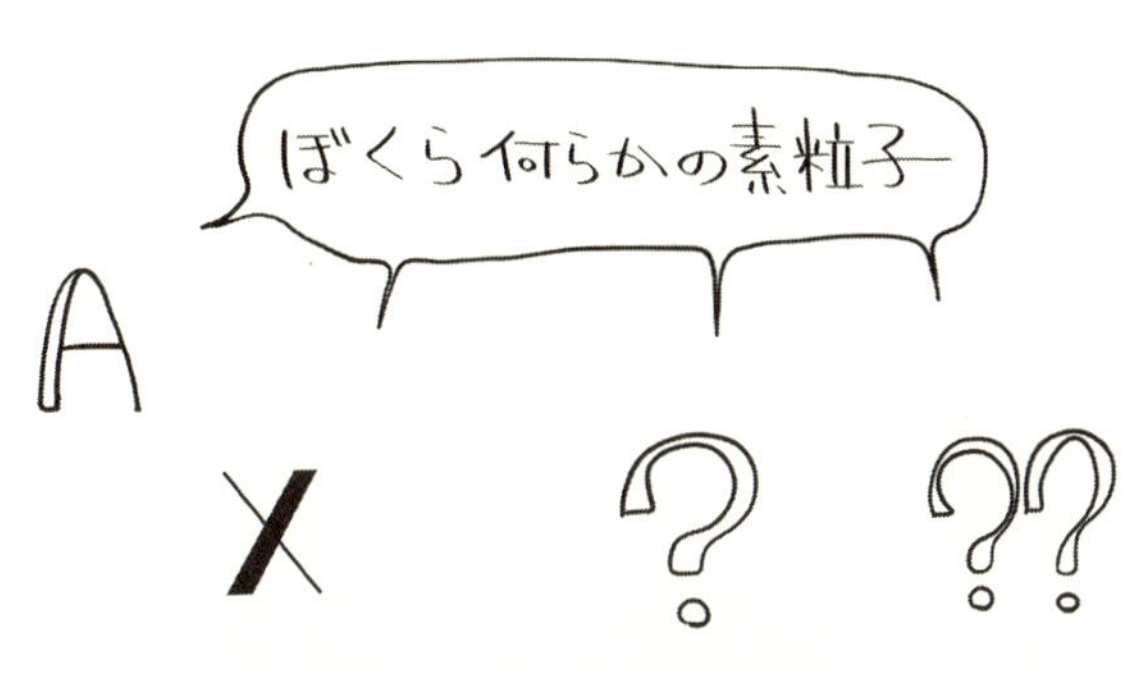

図5-5　何らかの素粒子説

もう私たちに親しみのある素粒子はことごとくコールド・ダーク・マター候補として失格してしまいました。陽子（を作るクォーク）や電子やニュートリノなどのような身近な粒子は全部駄目だし、巨大な粒子加速器の中に一瞬だけ現われる珍しい素粒子にもめぼしいものがいません。全ての条件を満たす候補を見つけてくるのは、かぐや姫のリクエストを満足させるくらい困難です。

仕方ないのでもう最近では、コールド・ダーク・マターの正体粒子はまだ人類が知らない未知の素粒子なのだという意見が大勢（たいせい）です（図5-5）。かぐや姫の繰り出す難題を全てクリアする理想の素粒子がどこかにいるはずだという、半ば推測、半ば希望です。

そういう、今後発見されて全ての謎を解決してくれ

るであろう期待の素粒子としては、「アクシオン」「超対称性粒子」等々が挙げられていま
す。

まだ見ぬ素粒子「アクシオン」

アクシオンは素粒子理論のある流派が予言する素粒子です。説明が（さらに）抽象的になってしまうのですが、「電荷パリティ保存」を説明するために要請される素粒子です。

駆け足気味に解説すると、電荷とは、私たちがいわゆる電気を使うときにケーブルを流れるものですが、これはなくなったり突然現われたりはしません。電気現象を担う電子があっちへ流れたりこっちへ戻ったりしますが、その間、電子は作られたり消滅したりはしません。全電荷は一定です。

また、粒子と粒子の衝突現象などでは、電子など電荷を持つ粒子が作られることがありますが、その際には、反対の電荷を持つ反粒子も一緒に作られるので、プラスとマイナスを合わせた全体の電荷はやはり変わりません。変わらないことを「保存」というので、電荷は保存されるわけです。物理学では、さらにパリティというものの保存も合わせて、電荷パリティ保存と呼びます。粒子加速器や原子核反応の実験によると、自然界では電荷パ

リティ保存が成り立つのです。（ここのところは、覚えなくても、今後の理解にほとんどさしつかえありません。）

なぜ電荷パリティ保存が自然界で成り立つのかは、まだよく理解されていません。これを説明する試みはありますが、その理論は、非常に軽くて反応性の低い新しい素粒子の存在を予言します。アクシオンと名づけられたこの粒子がもしもビッグ・バンの際に大量に生成されたなら、コールド・ダーク・マターの候補となりえます。

そういう考えに基づいて、アクシオンを実験室や宇宙で検出する試みが続けられていますが、今のところ、成功していません。成功したら、ダーク・マターの正体が判明し、電荷パリティ保存を説明する理論が証明されたことになるでしょう。

素粒子倍増！　景気のいい超対称性理論

超対称性粒子は、また別の流派「超対称性理論」が予言する素粒子です。

この流派は、素粒子の種類を倍増させるほどたくさんの未発見の素粒子があると主張します。23ページに示したように、２０１７年現在知られている素粒子は全部で17種ですが、このそれぞれに対応する17種の「超対称性粒子」が存在するというのです。クォークに対応する「スクォーク」、レプトンに対応する「スレプトン」という具合です。

超対称性理論が正しければ、17種の超対称性粒子と、それからおまけに、まだ確認されていないいくつかの新素粒子も付け加わるそうなので、この世に存在する素粒子は約40種にものぼります。まるでパチンコ屋の新装開店のような、なんとも景気のいい理論です。

これだけ新素粒子が転がり出れば、コールド・ダーク・マターの候補となるものもいくつかあって当然でしょう。今のところ見込みがあるといわれているのは、ニュートリノに対応する超対称性粒子（の「混合状態」）である「ニュートラリーノ」です。（超対称性粒子は全部「ス」がつくわけではないようです。）

もしも超対称性粒子がダーク・マターの正体だとすると、超対称性粒子は宇宙を漂ううちにある確率で壊れ、最終的に電子と陽電子を作り出すという予想があります。超対称性粒子そのものは検出が難しいのですが、作り出された電子と陽電子は、適切な検出器で検出できるはずです。例えば国際宇宙ステーションに搭載された宇宙線検出器「AMS」のような。

AMS（Alpha Magnetic Spectrometer）は2011年にスペース・シャトル「エン

デバー号」によって打ち上げられ、国際宇宙ステーションに取りつけられました。（これはエンデバー号の最後のミッションで、スペース・シャトル計画としては最後から2番目のミッションでした。）

以後、AMSは宇宙線を観測し続け、2017年現在も稼働中です。そしてAMSの測定した陽電子のデータには、ニュートラリーノの影響と解釈できるものが含まれているようなのです。ダーク・マターとして宇宙を漂うニュートラリーノが壊れる際に作り出した陽電子が、AMSで検出されたのかもしれません。

ただしこのデータは、近傍中性子星など、他の原因の可能性もあります。今後の観測によって明らかとなるでしょう。

まだまだある奇妙なダーク・マター候補

ダーク・マター候補として、もっとエキゾチックな代物を提案する人もいます（図5-6）。

「コズミック・ストリング」は、細くて長くて重いヒモ状の代物で、原子核ほどの太さしかないのに、1メートルあたり地球200個分もの質量があり、長さは何光年にも及ぶといわれます。全てが日常のスケールを超えていて、想像することすら困難な凄い物体です。そういうヒモが、ビッグ・バンのさなかに作られ、今も宇宙に漂っていて、絡まったり輪っかになったりしているという説があります。望遠鏡で真剣に探す試みもありますが、今のところ発見の報告はありません。

もしもコズミック・ストリングが実在するなら、これがダーク・マターの正体では、というアイディアがあります。そんな奇妙な存在が大量に宇宙に絡まっていると考えると、大変わくわくさせられます。

コズミック・ストリング支持者にとっては残念ながら、普通の物質の5倍ものストリングが存在すると、ビッグ・バン時の元素合成に影響を及ぼし、観測データと合わなくなるなど、色々矛盾が起きてしまいます。コズミック・ストリングでダーク・マター（の全て）を説明するのは難しいようです。

また、ある種の素粒子理論は、ビッグ・バンの際に「磁気単極子（マグネティック・モノポール）」、略して単に「モノポール」と呼ばれる代物が大量に作られたはず、と主張します。素粒子理論はいったいいくつダーク・マター候補を出してくるのでしょうか。研究者の人数くらい出てくるので

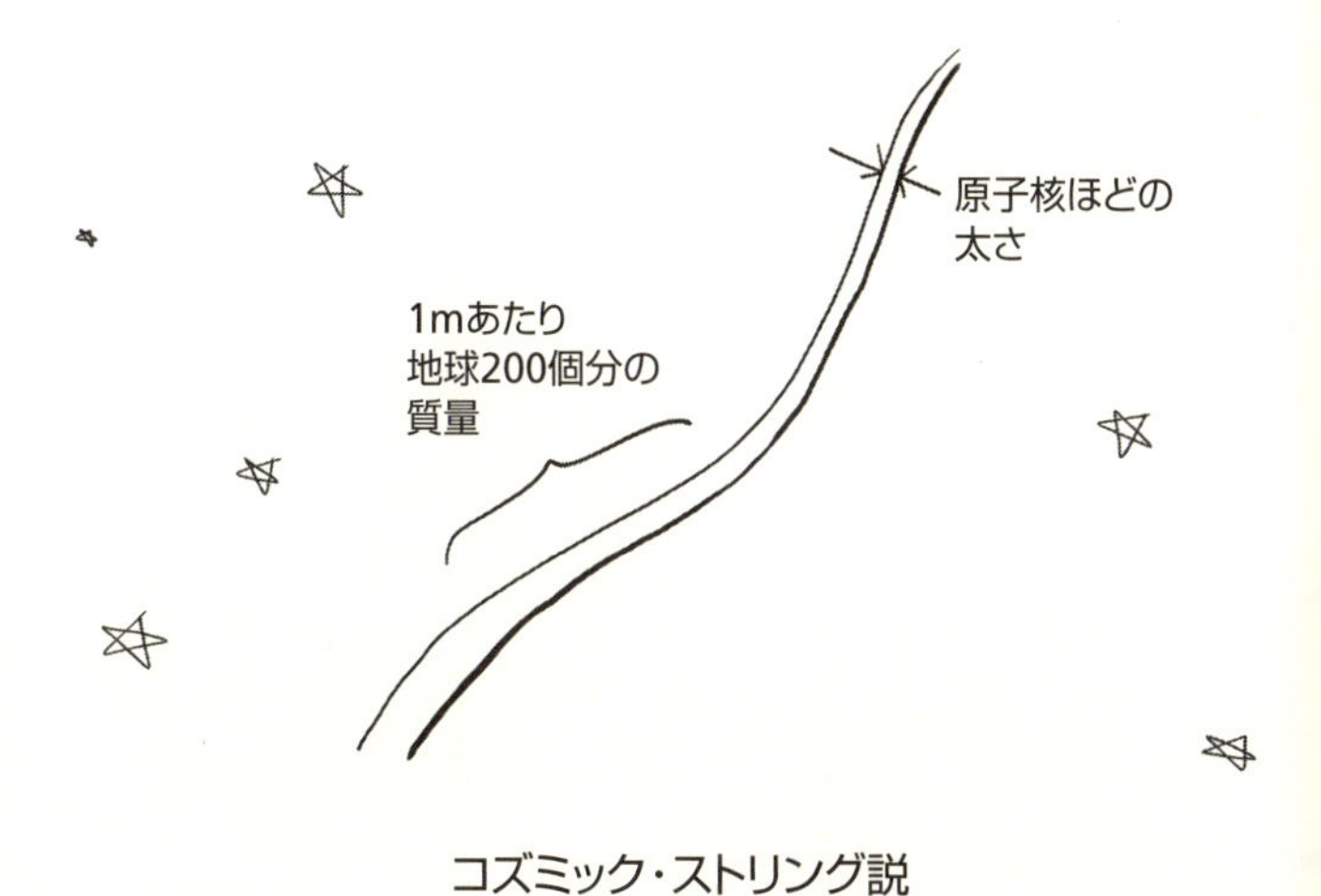

図5-6 もっと奇妙なダーク・マター候補

しょうか。まったく感心させられます。

モノポールとは、磁石のN極だけ、あるいはS極だけの存在です。磁石はN極とS極の両方を持ち、同じ極どうしは反発し、異なる極は引き合うことは御存じでしょう。N極だけ、あるいはS極だけの磁石は身近には存在しません。

けれどもこの理論によれば、ビッグ・バンで作られたモノポールがこの宇宙にうじゃうじゃあることになります。

とてもじゃないですが観測に合わないので、どこかに間違いがあるはずですが、どこが間違っているのかよくわかっていません。

他にも奇妙なダーク・マター候補はいくらでもあります。このうちどれかが本物なのでしょうか。これはちがう、これも観測データと合わない、と否定されると、さらに奇妙な候補が持ち出されるプロセスはいつ終わるのでしょうか。なんだかいつまでも続くような気さえしてきます。当の研究者たちはそういうプロセスが大好きなので、いつまでも楽しく続けられるのですが。

「見えないエネルギー」まで見つかる

もっと！　加速する！　宇宙膨張!!

20世紀末、ダーク・マターの正体に首を傾げる天文研究者のところに、傾げた首が落っこちそうな知らせが飛び込みました。ダーク・エネルギーの発見です。

宇宙は膨張しているとハッブルが発表し、人々を驚愕させ、アインシュタインに誤りを認めさせたのは、1929年のことでした。その後、ハッブルの発表した値はかなり修正されたのですが、宇宙が膨張しているという事実は変わらず、刻一刻と広がっていく宇宙という新しい宇宙観が定着したのでした。

1995年には、ウィルソン山天文台の望遠鏡より遥かに進歩した観測技術によって、新しい発見がありました。

宇宙膨張は加速しているというのです。過去の宇宙よりも現在の宇宙の方が速く膨張しているのです。宇宙膨張はどんどん速くなっているようなのです。

ハッブルは銀河までの距離を測定するのにケフェイド変光星を利用しましたが、今度の手法では「1a型超新星」が活躍します。

超新星は恒星が最期に潰れて起こす大爆発として紹介しましたが、1a型超新星はちがう種類の大爆発です。白色矮星が、別の恒星と、互いを周回する連星系をなしていると、条件によっては、恒星から白色矮星に物質が降り積もります。この量が限界を超えると、核融合反応が暴走して大爆発を起こし、白色矮星は木端微塵に消し飛びます。この宇宙の核爆弾が1a型超新星です。

この1a型超新星は爆発時の燃料が決まっているため、どれもこれもほぼ同じ明るさを示します。ちょっと明るさにばらつきがありますが、減光の時間を測れば補正できることがわかっています。ということは、遠くの銀河に1a型超新星を見つければ、その銀河までの距離が測れるのです。

そして都合のよいことに、超新星はきわめて明るい爆発現象なので、何億光年も先で起きても発見できるのです。

研究グループは、大型望遠鏡に大型CCDカメラを取りつけて、遠方の銀河を何千と撮像しました。そして数週間後にもう一度撮像し、2枚の写真を比べます。もしも明るくなっている天体が写っていたら、超新星の発見です。超新星を見つけたら、別の大型望遠鏡でそのドップラー偏移を測定し、宇宙の膨張速度を測ります。この手法で研究グループは、いくつもの銀河の距離と速度を測定しました。

50億光年以上という、もうわけがわからないほど遠くの銀河の速度と距離を精密に測ることにより、これまでにない精度で宇宙膨張が測定されました。これほどの精度で測定すると、単に膨張速度だけでなく、その時間変化がわかります。過去の宇宙では宇宙膨張が今よりも速かったか遅かったかがわかるのです。

これで宇宙膨張の減速が見つかるだろうと、当初は期待されていました。宇宙に存在する質量の重力によって、徐々に宇宙膨張は遅くなっていくだろうと考えられていたからです。

しかし、1a型超新星のサンプルが徐々に増え、統計精度がよくなっていくと、予想とまったく逆の傾向が現われてきました。過去の宇宙はわずかですがゆっくり膨張し、現在に近づくにつれて速くなっています。宇宙膨張は加速しているようなのです。

2011年、加速膨張を発表した2グループはノーベル物理学賞を受賞しました。

アインシュタインが投げ捨てた宇宙項、復活

宇宙膨張がちょっと速くなっても遅くなっても、大差ないように思われるかもしれません。しかしこれは宇宙論に重大なインパクトを与える発見なのです。

宇宙は重力方程式に従って膨張します。もしも宇宙膨張が加速しているならば、加速膨張する宇宙解を重力方程式の解として探さないといけません。そしてそういう加速膨張する解は、重力方程式に宇宙項が入っている場合に存在するのです。

宇宙項は、アインシュタインが自分の重力方程式が定常解を持たないことを知り、狼狽の末に付け加えたものです。そして後に宇宙膨張が発見されると、宇宙項は無用となり、「人生最大のしくじり」と呼ばれたという、いわくつきの定数です。

はて、宇宙項があると宇宙は定常になるはずでは、と思われるかもしれませんが、相対論ははなはだ複雑で反直観的で、そう簡単にはいかないのです。宇宙項の値と、宇宙解の初期値によっては、宇宙は加速膨張してしまうのです。

加速膨張の発見によって、宇宙項は再び宇宙論に必要な存在に返り咲きました。

物理的には、宇宙項は宇宙空間に存在する特殊なエネルギーを意味します。このエネルギーは奇妙なことに、宇宙空間が膨張しても密度が減りません。

通常の質量や通常のエネルギーが空間内に貯えられている場合、それを収めている宇宙空間が膨張すると、体積あたりの量は減ります。ところが宇宙項のエネルギーは、宇宙空間が膨張しても体積あたりの量が減らないのです。謎めいた存在です。

そしてこれまで天文学者は望遠鏡の中にそんなエネルギーを見たことがありません。このエネルギーは電磁波を吸収も放出もせず、観測装置にひっかかりません。銀河団を観測しても銀河を観測しても、そこにそんなエネルギーがあることがわかりません。仕方なくこのエネルギーはダーク・エネルギーと呼ばれるようになりました。

私たちは宇宙の5パーセントしか理解していない

ダーク・エネルギーの量は、通常物質とダーク・マターを合わせた質量の3倍ほどと見積られています。つまり、この宇宙は、75パーセントのダーク・エネルギーと、20パーセントのダーク・マターと、5パーセントの通常質量からできているのです。宇宙に存在するモノのたった5パーセントしか私たちは正体を知りません。残り95パーセントはわけのわからない存在です。

20世紀末、私たちは宇宙の5パーセントしか理解していないことが判明してしまったのです（図5-7）。

ダーク・エネルギーの正体は何でしょうか。量子力学には「零点エネルギー」や「スカラー場」という存在が登場するのですが、それがダーク・エネルギーなのかもしれないと、やや自信なげに提案されています。まだ発見されてあまり経っていないためか、ダーク・マターの正体ほど多くのアイディアは出てきていません。宇宙の加速膨張の発見に研究者は戸惑っているような印象です。

それにしても、ダーク・マターやダーク・エネルギーのような正体不明の存在を重力方程式に次々入れないと、宇宙解の挙動が説明できないという状況は、なんだか不安にさせられます。本当にこの重力方程式は正しいのでしょうか。人類の理解に、何か根本的な誤りがあるということはないでしょうか。

いや、人類が重力を理解していないことは確実です。量子重力の章で解説しますが、量子力学と相対論には不整合があり、これを統一する理論を人々は待ち望んでいます。

けれども、量子力学と相対論を統合する理論が、ダーク・マターとダーク・エネルギーのどちらかまたは両方を不要にするかというと、それは不明です。

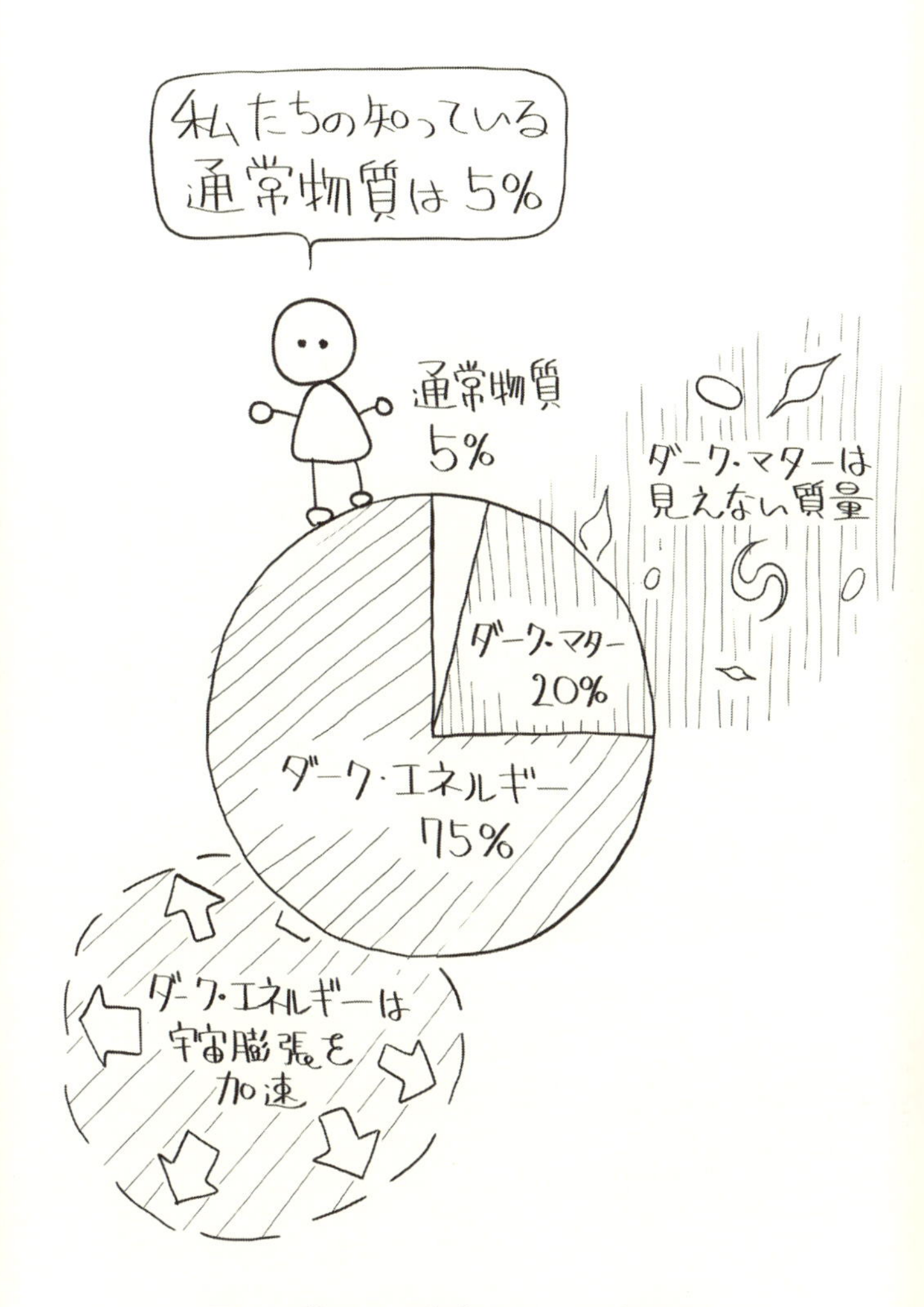

図5-7　私たちは宇宙の5%しか知らない

ダーク・マターとダーク・エネルギーの問題は、その正体が判明するという形で解決するのでしょうか。あるいは重力の理論が変更されて、その存在が不要になるという形で解決するのでしょうか。

いずれにせよ、宇宙か重力の理論に、人類のまだ知らない新しい何かが付け加わることになるでしょう。

タブー6
量子重力

「量子重力」は相対論と量子力学を統一する理論ですが、もう半世紀も世界第一級の頭脳がこぞって取り組んでいるのにいっこうに完成しません。

その論文は難解な数学と概念によって武装され、専門の勉強を何年も経ないと読むことはできません。対立する理論を全て理解して、どちらが正しいか判断することができる研究者は、ほとんどいません。各理論の信奉者が自分の宗派の理論だけを研究しているような、いわば宗教対立のような情況なのです。

量子力学の限界

何が問題なのか

ここまで本書を読んできたみなさんは、現代物理学は説明できないことだらけ、矛盾だらけで、今にも基礎から崩れて倒壊しそうな印象を受けたかもしれません。

量子力学は創始されたときから観測問題という根本的な欠陥を抱え、宇宙はダーク・マターやダーク・エネルギーといった謎の存在で満ちていて、どんな形をしてどこまで広がっているのかさえ不明です。ブラック・ホールが最期に蒸発するのかどうか、誰も確かなことを知りません。

もしそういう印象を与えてしまったとしたら、現代物理学の未解決問題を紹介するという本書の意図がうまくいっちゃったといえますが、しかし物理学は、この世の成り立ちを説明することにほぼ成功している、たいそう役立つ体系なのです。

力学と相対論は天体の運行を精確に計算し、電磁気学が予言した電波は空中を飛び交い情報を伝え、原子核物理の応用である原子力発電所は電力と放射性廃棄物を生産し、流体力学は飛行機を飛ばしたり落としたりします。物理学の華々しい成功のリストは際限なく続きます。（ここでの「成功」とは、物理学の手法で説明できるという意味で、人間の益になる生産品を指すわけではありません。）

うまくいかない部分を（本書のように）わざわざあげつらうのでもない限り、現代物理学の不備などまったく気づかずに、科学の恩恵に感謝の毎日を送れます。

量子力学の偉大な小ささを讃えよ

この章で（またもや）テーマとする素粒子物理学の分野も同様です。繰り返しになりますが、私たちの体や身近な物質は原子という極微の粒子からなります。原子の中心には原子核というさらに小さな粒があり、その大きさは原子の100万分の1ほどです。原子核は陽子と中性子がくっつきあってできていて、さらに陽子や中性子はクォークがくっつきあってできています。クォークはそれ以上分解できない素粒子と考えられています。

現在の素粒子物理学の理解はここまでです。クォークが影響を及ぼす距離は（見積り方によって何桁かちがいがでますが）10^{-17}メートル程度なので、このスケールまでは現在の素粒子物理学で説明できるといえます。素粒子物理学を含む量子力学は、約100年でここまでミクロな領域に到達したのだから大したものです。量子力学の不備を指摘する前に、その偉大な小ささを讃えておきます。

今のところ、巨大な粒子加速器をぶん回して実験しても、標準的な素粒子物理学に反する現象は見当たらないようです。実験に合わせて標準的な理論「標準モデル」を作ったので、当然といえば当然ですが。

理論をくつがえす「プランク長」の世界

では素粒子物理学はここでおしまいと宣言してはいけないのでしょうか。人類はミクロな世界を全て理解し尽くしたのではないのでしょうか。

実は10^{-35}メートルというさらにとんでもなく小さなスケールで、現在の量子力学は使えなくなると予想されています。量子力学の法則は御破算願いまして、新たな体系を構築しないといけないでしょう。

10^{-35}メートルというスケールには、「プランク長」「プランク長さ」「プランク・スケール」という呼び名があります。これはどれほどとんでもない小ささなのでしょうか。ちょっとイメージしてみましょう。

現在の素粒子物理学が扱えるスケールである10^{-17}メートルを、超科学的な技で、1メートルに拡大したとしましょう。拡大率10京倍です。そうすると原子核は100メートルくらいに膨れ上がります。原子なんか10万キロメートルくらいで、これは地球よりも大きなサイズです。

ところがこれほど拡大しても、プランク長10^{-35}メートルはたったの10^{-18}メートルにしか膨らまず、つまりクォークの元々のスケールに届きません。プランク長はそれほど小さい超ミクロの世界なのです。

そんな超ミクロの世界を探り、新しい物理法則を見つけるには、おそらく量子力学をもういっぺん作り直すほどの努力が必要とされる気がします。アインシュタインやシュレディンガー級の頭脳と、宇宙規模の粒子加速器、さらにもう100年の歳月が、ひょっとしたら必要なのかもしれません。

破綻の元凶は重力

それで、プランク長のとんでもなく小さな世界では、何が量子力学を破綻させるかというと、それは重力の効果だと予想されています。

小さな構造を測定したり調べたりするには、高いエネルギーが必要になるという法則があります。

例えば、細胞や細菌を観察するには、細胞や細菌に可視光を当てて、顕微鏡という道具を使って観察します。可視光の波長は1万分の1ミリメートル程度なので、可視光はそれより大きなサイズの観察に適しています。1万分の1ミリメートル程度の構造を調べるには、最低限、可視光の光子程度のエネルギーが必要です。

原子や分子のサイズは100万分の1ミリメートル程度です。これは可視光では観察できません。もしも電磁波で観察するなら、波長が100万分の1ミリメートル程度のX線を使うことになります。可視光よりもエネルギーの高いX線光子が必要になるのです。

ではプランク長のスケールを観察するため、波長がプランク長の光子を作り出し、クォークや電子や、あるいは別の光子などの観察対象に当てたとします。これは現在では不可能な実験です。当てられた対象は、このエネルギーを吸収し、分裂するなど何らかの変化を生じ、受け取ったエネルギーに匹敵するエネルギーの光子や粒子を発するでしょう。それを観察すれば、プランク長の物理について何かしらわかると期待されます。

できていないが名前だけある新理論

ところでエネルギーは質量を持つので、重力源となります。現在の粒子加速器の作り出すエネルギー程度では、重力の効果は無視できますが、波長がプランク長の光子のエネルギーではこれが無視できなくなります。この光子は1個で0・01ミリグラムほどの質量があり、観察対象の粒子がこのようなエネルギーを吸収したり放出したりすると、質量がこれだけ増えたり減ったりします。

０・０１ミリグラムというとさほど重そうに聞こえませんが、クォークや電子といった素粒子の質量に比べると莫大です。電子にとって０・０１ミリグラムの質量をやりとりするのは、赤ん坊が月ほどの質量を吸収したり放出したりするのに相当します。

このような変化を量子力学で取り扱うには、粒子の間に働く重力を考慮しないといけません。重力を取り扱うということは、時空のゆがみを取り扱うということで、もしもこれができるなら、ブラック・ホールやビッグ・バンも量子力学で扱えます。ビッグ・バンの最初期、極度に温度と密度が高かった宇宙には、波長がプランク長の光子も飛び交っていたはずで、そういう状態も記述できると期待されます。

現在の量子力学はこの反応を扱えません。素粒子とブラック・ホールの反応や、ビッグ・バン最初期を扱う方程式はまだ存在しません。誰もどうやればいいのかわかりません。

こうして、プランク長の領域では現在の量子力学の手法は行き詰まり、重力を含む新しい量子力学が必要となります。一般相対論と量子力学を統合する理論です。

この新しい理論は、誰もまだ見たことがありませんが、名前だけは決まっています。「量子重力理論」といいます。

期待の量子重力理論

全てを解決してくれそうなスーパー理論

まだ見ぬ量子重力理論は、多くの未解決問題を解決すると期待されています。量子重力理論が解くべき問題のリストを眺めると、本書でこれまで紹介してきた問題はどれもこれも解決の見込みです。

量子重力理論が完成したあかつきには、

・重力が量子力学的に記述され、一般相対論と量子力学が統合される。
・ブラック・ホール中心の特異点で何が起きているのか、明らかになる。
・ブラック・ホールは果たして蒸発するのかという論争と情報パラドックスに決着がつく。
・ビッグ・バンの最々初期の特異点が回避され、宇宙がどうして始まったか答がでる。
・観測問題が解決され、相対論と量子力学の矛盾が解消する。
・人間の知性の秘密が明かされ、なぜコンピュータには知性が持てないかわかる。

などと想像されています。きらめく成果に目も眩みそうです。これらが本当に実現したら、量子重力理論は究極の科学理論、夢の万能理論といっていいでしょう。わからない宿題は全て将来の理論の発展に押しつけている気もしますが、大変に重い期待が量子重力の肩にかかっていることは間違いありません。

さてでは、量子重力の解くべきこれらの宿題を解説しましょう。重力の理論である一般相対論と、量子力学を統合すると、どうしてこれらの問題が解決するのでしょうか。

ブラック・ホールの特異点を解消しそう

チャンドラセカール限界質量よりも重い星は、最終的に、自らの重力で潰れ、ブラック・ホールとなるというのが現在の定説です。その際、星を構成していた物質は全てブラック・ホールの中心の一点にすとんと落ち込みます。単純に計算すると、ブラック・ホールの中心で時空のゆがみは無限大になります。そういう、計算に無限大が現われるところは「特異点」あるいは「発散」などと呼ばれます（図6-1）。

物理量が無限大になることは、物理学の計算をしていると時々ありますが、その場合、

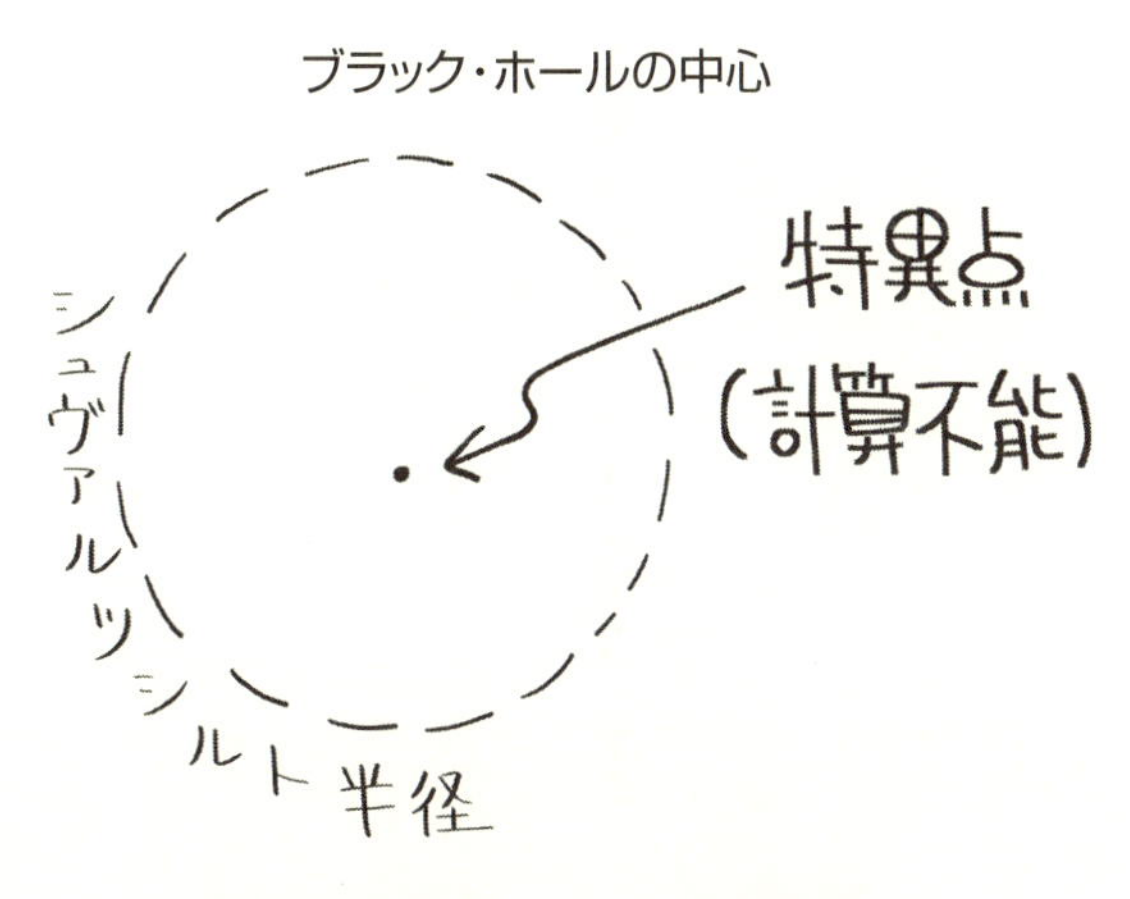

図6-1　ブラック・ホールの特異点

その物理量が自然界で実際に無限大になるわけではありません。計算で用いている仮定や理論は、その物理量が有限の場合の実験や観測で得られたものなので、無限大に達する前に使えなくなります。その物理量がきわめて大きな場合に使える新たな仮定や理論や計算手法が必要となります。

例えば原子では、プラスの電荷を持つ核がマイナスの電子を周囲に従えています。この電子の軌道を電磁気学で計算しようとすると、電子は核にすとんと落ち込んで、原子のサイズはゼロに収縮してしまいます。当初、原子の構造を計算しようとした研究者はこの特異点に悩まされました。この問題を解決したのが量子力学という新たな理論で、量子力学の原理で計算された電子軌道は核に落ち込むことなく、ゼロでない大きさの原子を形成します。

原子の構造をうまいこと計算してのけた量子力学は、ブラック・ホールの中心に生じる特異点も同様に解消すると信じられています。星が重力で潰れる過程を量子重力理論を用いて計算すれば、物理量が中心の一点で無限大にならず、特異点のない「量子力学的ブラック・ホール」ができると考えられます。ただし量子力学的ブラック・ホールがどんな性質を持つのか、どうやって特異点の出現を回避するのか、今のところわかりません。

情報パラドックスを解決しそう

タブー2では、ブラック・ホールのホーキング放射について紹介しました。これは一般相対論を量子力学にちょこっと応用することによって導かれたのでした。

しかしこの応用は完全ではなく、そのためブラック・ホールの蒸発にともなって情報が失われるという結論がでてきます。この結論は理論の他の部分と整合しません。これが情報パラドックスと呼ばれる未解決問題です。

量子重力理論は、当然情報パラドックスも解決するはずです。量子力学的ブラック・ホ

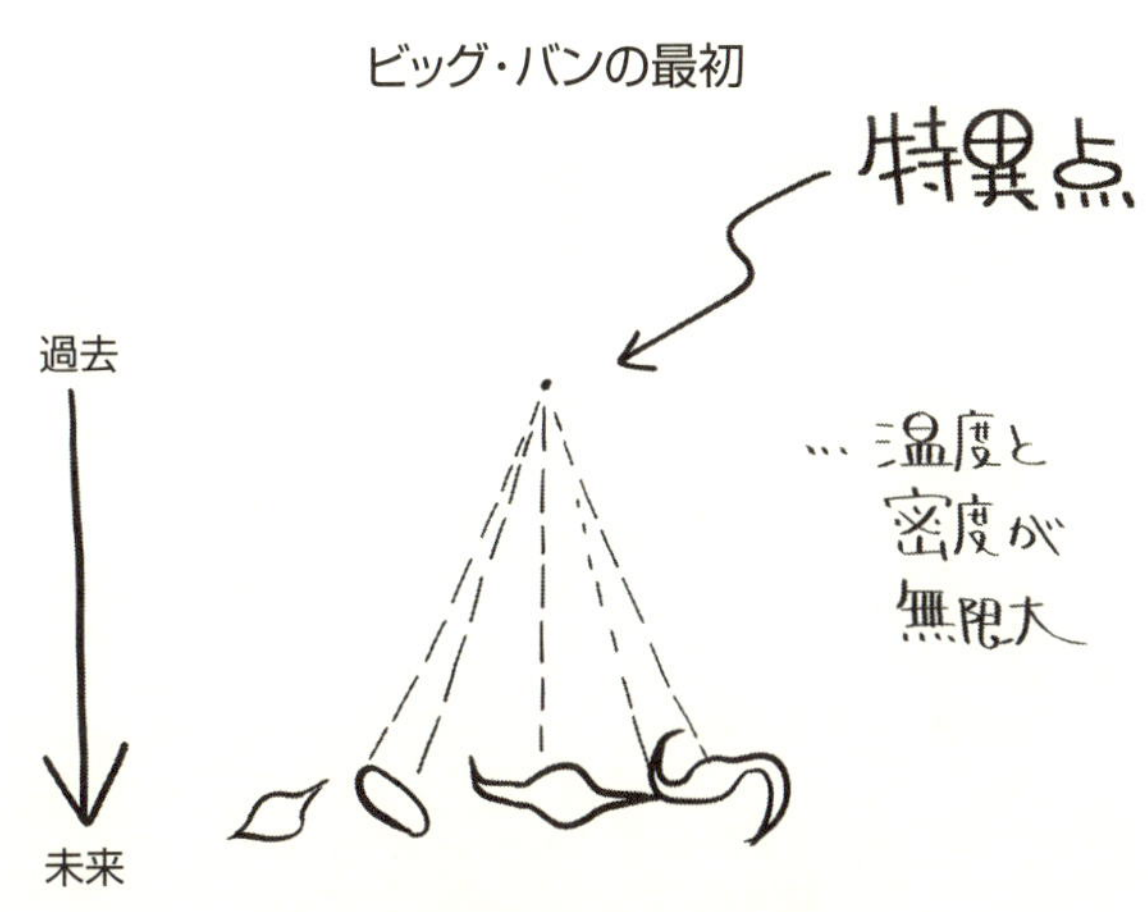

図6-2 宇宙の始まりの特異点

ールは、ホーキング放射と、その果てに生じるブラック・ホール蒸発あるいは爆発を整合的に説明するでしょう。結局蒸発または爆発は起きるのでしょうか、後に何か残るのでしょうか、残らないのでしょうか。その答が得られるはずです。

宇宙の始まりがわかりそう

一般相対論では、特異点がもう一つ知られています。宇宙の始まりです。

宇宙は138億年前にビッグ・バンで誕生しました。ビッグ・バンは宇宙の物質とエネルギーが1点に集まった超高温・超高密度の状態なのですが、始まりの瞬間に近ければ近いほどどんどん温度も密度も高くなります。

計算では、まさしく始まりのその瞬間、温度も密度も時空のゆがみも無限大になってしまいます。これも特異点です(図6-2)。

量子重力理論は、宇宙の始まりも正しく記述しないといけません。それができるかどうかが、正しい理論の試金石です。

量子重力理論の記述する「量子力学的ビッグ・バン」は、宇宙がどうして始まったのかという究極の疑問の答となるでしょう。

観測問題が解決されそう

観測問題もまた、量子力学と相対論の統合が必要な理由の一つです。量子力学の枠組みは、相対論と相性が悪いことがわかっています。重力や一般相対論を持ち出すまでもなく、特殊相対論からしてもう量子力学と整合しないのです。

どういうことかというと、量子力学の基本原理である「波動関数の収束」は光速を超えて起きるのです。電子や光子やミクロな粒子は、さしわたし何メートルも何キロメートルも何光年も広がる巨大な波動関数を作ることが原理的にありえますが、これは観測者が観測した瞬間にひゅっと縮みます。何光年もの範囲のどこにあるかわからなかった粒子の位置が、検出器によって検出された瞬間に、検出器の中に確定するのです。

これは一見、物体や情報が光速を超えることはできないという特殊相対論の基本原理と矛盾するような気がします。しかし波動関数が何光年もひゅっと収束しても、物体や情報が何光年も飛び越えて伝わることはないので、研究者は居心地の悪さを感じながらもそれ以上この件を追究しないできました。量子力学と特殊相対論は、矛盾するとまでは言いきれませんが、齟齬するというか、相性が悪いのです。

しかしブラック・ホールの情報パラドックスは、観測問題と密接な関係があります。情報パラドックスを解くためには観測問題に取り組まないといけないのです。追究しないではいられません。

大変粗い説明をすると、例えばミクロな粒子の波動関数が大きく広がって、その一部がブラック・ホールの中に侵入しているとします。この粒子の位置を外部の検出器で測定し、波動関数をひゅっと収束させます。検出器内で粒子が検出されたら、ブラック・ホール内部にその粒子が存在しないことが判明します。

検出器内で検出されなかったら、ブラック・ホール内に存在するとただちにいえるかどうかは、実験装置の配置によりますが、ともあれブラック・ホール内の粒子の存在についてある程度わかります。

するとこれは、ブラック・ホール内部に粒子が存在するかしないかという情報を、何も取り出せないはずのブラック・ホールの中から取り出したことになります。波動関数の収束は光速を超えて起きるので、光も脱出できないブラック・ホールから情報を取り出せるのです。

この考察から、ブラック・ホールが蒸発するとブラック・ホール内部の情報が失われてしまうという情報パラドックスは、観測問題と同時に解決されるのではないか、という希望が見えてきます。ということは、量子重力理論は観測問題をも解決することになります。

人間の知性の秘密もわかるかも

こうなるともう、物理学の未解決問題は何でも量子重力理論に押しつけてかまわないという気がしてきます。

一般相対論の大家、オックスフォード大のロジャー・ペンローズ教授（1931－）は、人間の知性も量子重力理論で説明できるのでは、という驚くべき提案をし、論争を引き起

こしました。(注1)

知性という現象には色々謎めいた点があります。人間には知性があるとされますが、他の動物にはあるのでしょうか。最近のコンピュータは結構じょうずに会話し、ゲームで人間を負かし、自動車を運転しますが、あれは知性を持つといえるのでしょうか。もしまだ知性を持つとはいえないなら、将来機械知性は実現するのでしょうか。

現在のコンピュータや機械知性はプログラム（アルゴリズム）を実行して動作します。しかし世の中には、アルゴリズムでは原理的に解けない種類の問題が存在します。例えば「コンピュータ・プログラムのデバッグ（修正）をするコンピュータ・プログラムは可能か」などという問題です。

あいにく、コンピュータにはプログラムのデバッグはできません。また、できるかどうか判断することも無理です。

チューリングの証明

コンピュータ・プログラムのデバッグをするプログラムが作製不可能なことは、英国の数学者アラン・チューリング（1912-1954）が1936年に示しました。これはチューリングという（やや人間離れした）知性が、コンピュータや機械知性とは異なる原理に基づいていることの証左です。

チューリングの証明の手法を、単純化して説明しましょう（図6-3）。コンピュータ・プログラムに興味がなければ次の節に飛んでかまいません。

まず「コンピュータ・プログラムが正しいかどうか判定するプログラム『自動デバッガ』を作ることができる」と仮定します。この仮定から矛盾が引き起こされたら、プログラムにはプログラムのデバッグができないことの証明になります。

コンピュータのバグは千差万別、プログラマー（人間）の個性ほど種類がありえますが、ここでは「いつまでも計算が終了せずに永遠に動き続けるバグ」を扱いましょう。このバグを抱えるプログラムは、データを与えられるとそれに何らかの計算処理を施して終了するはずが、データによっては計算が止まらなくなってしまうのです。

このバグを判定する自動デバッガ・プログラムは、判定対象のプログラムとそれに与えるデータを合わせて読み込み、それに対して独自のバグ判定計算を行ないます。そして判定対象プログラムが、データに対して正しく計算処理を行なった後に無事終了すると結論されたならば、自動デバッガは「コノ・ぷろぐらむニ・ばぐハ・アリマセン」と出力してバグのある（止まらない）プログラムを読むと……

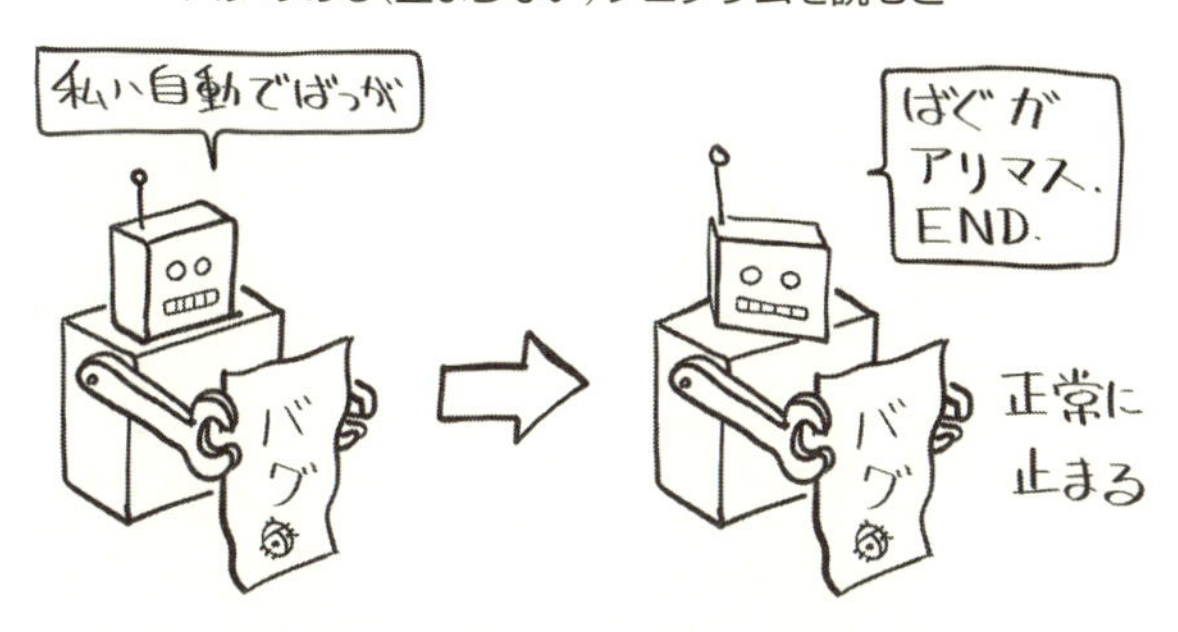

バグのない（止まる）プログラムを読むと……

では、自分自身のプログラムを読ませると……？

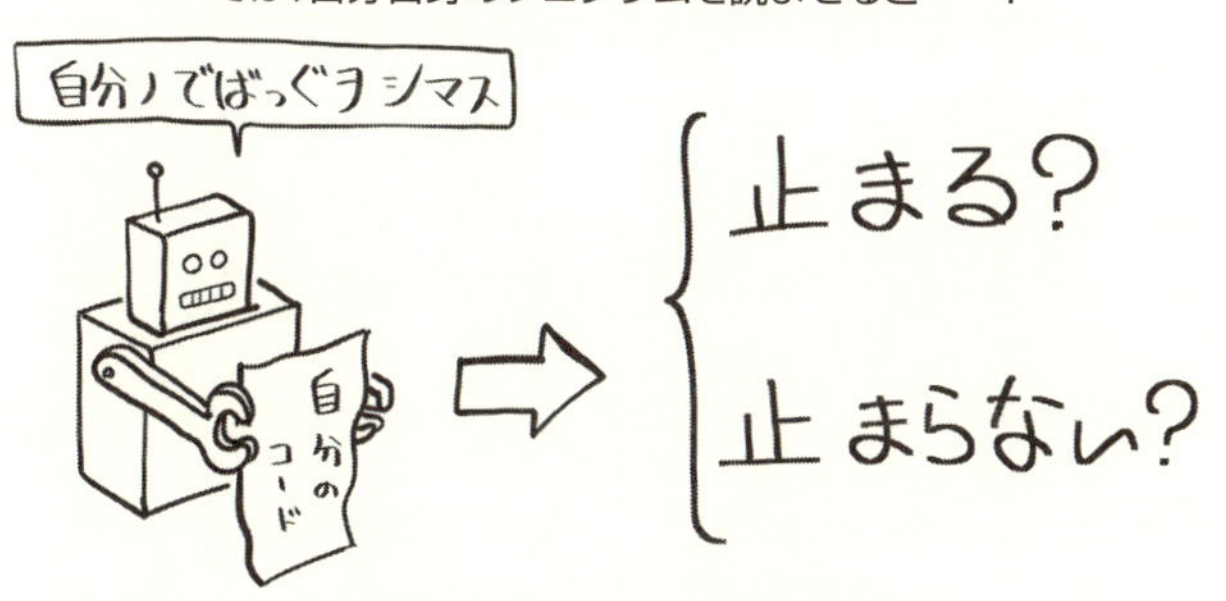

図6-3 チューリングの証明

終了します。しかし判定対象プログラムの計算が止まらなくなると結論されたならば、「コノ・ぷろぐらむニハ・ばぐガ・アリマス」と出力して終了します。

もしもこういう自動デバッガを作ることができたなら、これを改造して、意図的にバグを仕込むことが可能です。判定対象プログラムにバグが含まれていなかったら、「コノ・ぷろぐらむニ・ばぐハ・アリマセン」と出力する代わりに、「コノ・ぷろぐらむニ・ばぐハ・ばぐハ・ばぐハ……」と出力し続けて計算が終了しないように改造するのです。

さてこの自動デバッガに、自分自身のプログラムを判定対象として読み込ませたら、何が起きるでしょうか。自分自身にバグがあると判定するでしょうか、それとも正しく計算処理を行なって終了すると判定するでしょうか。（正確には、自分自身をデータとして読み込んだ状態の自分自身を判定対象として読み込ませることになるので、少々複雑な手順が必要になりますが、それは原理的に可能です。）

もしも自動デバッガが自分自身にバグがあると判定するなら、「コノ・ぷろぐらむニハ・ばぐガ・アリマス」と出力して終了するはずです。すると自動デバッガは正常終了するプログラムということになるので、これを判定した自動デバッガは「コノ・ぷろぐらむニ・ばぐハ・ばぐハ・ばぐハ……」と出力し続けて止まらなくなるはずです。

すると自動デバッガは計算終了しないプログラムということになるので、これを判定した自動デバッガは「コノ・ぷろぐらむニハ・ばぐガ・アリマス」と出力して終了するはずで……、結局、自動デバッガは終了するともしないとも結論できません。これは矛盾です。

これで証明ができました。プログラムにバグがあるかどうか判定するプログラムが存在すると仮定すると矛盾が生じるのです。コンピュータにコンピュータ・プログラムの修正をやらせることは原理的に不可能なのです。これがチューリングの証明の骨子です。

チューリングがこの証明を行なった当時、プログラムに従って動作する現代的なコンピュータは存在しませんでした。まだコンピュータが夢想にすぎないとき、もしもコンピュータが建造されたら、それが実現する「知性」はどのようなものになるか、その限界を考察した天才がいたのです。いやはや人間の知性（の最高峰）には驚かされます。

なぜコンピュータには知性が持てないか

人間に解けて、コンピュータや機械知性に解けない問題があるのなら、やはりコンピュータや機械知性は人間のような知性を持つとはいえないでしょう。そしてコンピュータや機械知性の技術は日々進歩していますが、いくら進歩してもアルゴリズムを用いて問題を解くことに（当分）変わりはないので、将来も、コンピュータや機械知性は人間のような知性を持ちえないでしょう。

特に、チューリングが証明したように、コンピュータに自分のプログラムのデバッグをやらせるのは無理です。自動車の運転が機械に代わられても、コンピュータのプログラミングとデバッグは人間の仕事であり続けるでしょう。（それゆえバグはなくならないでしょう。）

人間の知性はどこがコンピュータや機械知性とちがうのでしょうか。知性は脳という装置が実現していますが、脳の部品のうち、コンピュータで原理的に代用できないものはどれでしょうか。脳の部品を1個ずつコンピュータで置き換えていくと、どこでプログラミングができなくなるのでしょうか。

ペンローズ教授の大胆な推測によれば、波動関数の収束は重力の関わる物理現象であり、将来完成する量子重力理論で初めて説明されるといいます。

そしてペンローズ教授のさらに大胆に飛躍する推論だと、脳は波動関数の収束をその動作原理の一部として用いていて、それが人間の脳とコンピュータのちがいをもたらしているというのです。脳の中では波動関数の収束が絶えず起きていて、それこそが、人間の知性を実現している物理過程だということです。コンピュータや機械知性やアルゴリズムが欠いているのは、波動関数の収束だというわけです。

ペンローズ教授は、波動関数の収束が物理現象であり、観測者の持つ情報の変化などではないという見方をとっています。この見方は最近やや分が悪いのですが、量子重力理論に期待される成果として興味深いのでここで紹介しました。

この見方が正しければ、量子重力理論完成のあかつきには、人間のような知性を人工的に実現することも可能になるかもしれません。なんとも万能な理論です。これほど期待された物理学理論がかつてあったでしょうか。

完成まであと何歩？

世界最高クラスの研究者たちの何十年もの努力にもかかわらず、量子重力理論は完成していません。どうしてでしょうか。

まず第一に、量子重力理論はどうも数学的にえらく難しいようなのです。

重力を含まない素粒子理論の標準モデルを作る際にも、当時の研究者は苦労したのですが、そのために「くりこみ」という数学的手法が開発されて、これがうまくいきました。

くりこみを用いると、計算途中で物理量が無限大に発散するのを避けられるのです。

けれども重力にはこのくりこみが使えません。そのため発散を別の手法で避ける必要があると考えられますが、その手法の開発が難しいのです。いくつか手法の候補が提案されていますが、どれが正しいのか、それともどれも正しくないのか、確証は今のところありません。発散を避けるこれらの手法については後に触れます。

そしてどの手法にしても、大変に高度な数学を道具として用います。

一般相対論は「微分幾何(きか)」や「テンソル解析」といった数学を必要とします。重力を含まない量子力学は「線形代数」など、やはり高度な数学を用います。(量子力学は、数学者が顔をしかめるような、量子力学独特の数学を発明して使う風潮があります。)

大学の学部レベルではこれらの理論と数学の基礎的な知識しか得られません。深い理解のためには大学院で学ぶのが普通です。量子重力理論の研究レベルに到達するには、大学院で一般相対論と量子力学を修め、さらなる研鑽を積む必要があります。そうしてやっと、最先端の論文を読んだり書いたりすることができるようになります。

もっとも世の中には、大学の学部生の頃に素粒子理論も一般相対論も独学してしまうような優秀な人も時折見られます。素粒子物理学や量子重力理論を専攻し、研究者になるのは、やはりそういう人が多いようです。筆者が所属していた東京大学物理学科にはさまざまな研究分野の研究室がありましたが、その中でもこれらの分野は、特に成績優秀な学生が集まる印象がありました。

世界中どこでもこの分野の雰囲気は似たり寄ったりで、そしてそういう最優秀の頭脳が大量に身を投じ、日夜量子重力について考えて、何十年も議論しているのに、いまだに理論は完成していないのです。どれほどこの研究が難しいか、その雰囲気がおわかりでしょうか。

1回の実験に300万年以上かかる

難しいのは理論計算だけではありません。量子重力の実験や観測はきわめて困難です。これがこの分野の進展を阻む第二のハードルです。

素粒子物理学の典型的な実験手法は、粒子加速器という装置で粒子を弾丸のように加速し、衝突させるというものです。

現在最大の粒子加速器は、欧州原子核研究機構「ＣＥＲＮ（セルン）」にある大型ハドロン衝突型加速器「ＬＨＣ」（図6－4）です。全周27キロメートルのリング状の管が高真空・超低温に保たれ、その中を光速近くまで加速された陽子が周回します。その陽子が衝突するとき、衝突のエネルギーは最高で14兆電子ボルトに達します。14兆電子ボルトというエネルギーは高いんだか低いんだか判断に困りますが、これでどれほどミクロな構造が観察できるかというと、10^{-17}メートル程度の構造が探れます。(見積り方によって数桁のちがいがでます。)約1兆円かけて建造された、10^{-17}メートルの世界が探れる顕微鏡です。

LHCは「世界最大のマシン」といわれます。全周27キロメートルのリングというと、大阪環状線より長くて山手線よりやや短い規模です。ミクロの世界を探るためにはこのように巨大な実験装置が必要なのです。

これまで素粒子物理学は、段々大きな粒子加速器を建造することによって進歩してきました。しかし量子重力の研究に進むためには、LHCよりも桁違いに巨大な粒子加速器が必要となります。

到達エネルギーと装置の大きさが比例すると単純に仮定すると、量子重力現象を観察するには、14兆電子ボルトの100京倍のエネルギーと、そこまで陽子を加速するための全周300万光年のリングが必要になります。私たちの銀河系を飛び出して、アンドロメダ銀河あたりまで届く粒子加速器です。それで1回の実験には300万年以上かかります。

図6-4 LHC

上空から見たLHC。提供：CERN (License：CC-BY-SA-4.0) http://cds.cern.ch/record/1295244

こう考えると、量子重力の実験のためには単純に巨大な粒子加速器を建造すればいいというわけでもないようです。ただし、世の中には素粒子物理学を進展させてきたもう一つの実験的手法が存在して、これについては後で述べます。

なんだか悲観的な話をしてしまいましたが、大量の優秀な研究者たちはこれまでなすすべもなく頭をひねってきたわけではなく、大量の論文を生産しています。量子重力理論については着実な進歩がこれまであり、完成は間近であるという見方をする人もいます。

ファンタスティックな「超ひも理論」

11次元のファンタジー

量子重力理論へのアプローチ法は、「ループ重力」「超重力理論」「超ひも理論」など、いくつも提案されています。なんだか最近人気のない手法も、盛んに研究論文が書かれている流派もあります。

超ひも理論はここ20年ほど耳目を惹いている流派です。大変ファンタスティックで、使われている用語を聞くだけで何だかわくわくしてくる物理学理論です。

以下、超ひも理論のストーリーを紹介します。どうしてそのような結果が導かれるのかという過程をばっさり省略した説明なので、物理学用語をちりばめたポエムだと思って読んでいただいてかまいません。(超ひも理論がポエムだと主張しているわけではありません。)

超ひも理論では、電子や光子などの素粒子が、大きさのない点ではなく、ひも状の存在であると見做します。点だとある種の計算が無限大になって発散しますが、ひもとして計算すると発散が避けられるのです。

粒子をひもと見做すアイディアは、素粒子理論の標準モデルが確立する前、何回かバリエーションが提案され、試されました。しかし1970年代、標準モデルはこの旧ひも理論にたよらず、くりこみを用いて完成されました。旧ひも理論はうまくいかなかったモデルの一つとして、忘れ去られたというと言いすぎですが、影を潜めていました。

1984年頃、量子重力理論としてひも理論は再提案されました。旧ひも理論と区別して、「超ひも理論」あるいは「超弦理論」「弦理論」などと呼ばれます。

超ひも理論は計算の発散を避けることができるのですが、別の種類の数学的不整合を持ち込みます。この不整合を除くには、ひもの存在する時空が4次元では駄目で、10次元以上でないといけません。つまり、超ひも理論は10次元だとか11次元だとか26次元の世界で成り立つ物理学なのです。

我々は押し潰されたせんべい生物らしい

私たちの暮らすこの宇宙は、1次元の時間と3次元の空間からなる4次元時空だと考えられてきたので、じゃあ超ひも理論ぜんぜん駄目じゃん、というのが普通の思考だと思われますが、超ひも理論家はここで開いた口がふさがらない大胆なロジックを展開します。私たちの暮らす宇宙は実は11次元だというのです。(ちがう次元数を提案する流派もあります。)

11次元だと、時間方向と縦・横・高さ方向の他に、7次元があるはずですが、その7方向はどこにあるのでしょうか。あたりを見回してもこの4方向しか見当たりません。

超ひも理論家によると、残りの7次元方向の広がりは、日常生活では気づかないほどちっちゃくなっています。「余剰次元」が「コンパクト化」している、などと表現します。

7次元がちっちゃくコンパクト化するようすは説明しにくいので、3次元のうち1次元がコンパクト化するとして、そのイメージを説明しましょう(図6-5)。

縦、横、高さを持つ3次元の部屋があるとします。つまり普通の部屋です。しかしこの部屋の天井が落ちてきて、部屋の高さ方向がちっちゃくコンパクト化してしまい、厚みがプランク長くらいになってしまったとします。

そうすると、部屋の中の物体はみんなうすっぺらくなってしまいます。原子や分子は小さな粒ですが、プランク長はそれよりずっとずっと小さいので、原子や分子はせんべいか

縦・横・高さのある3次元の宇宙

1次元（高さ）が
コンパクト化

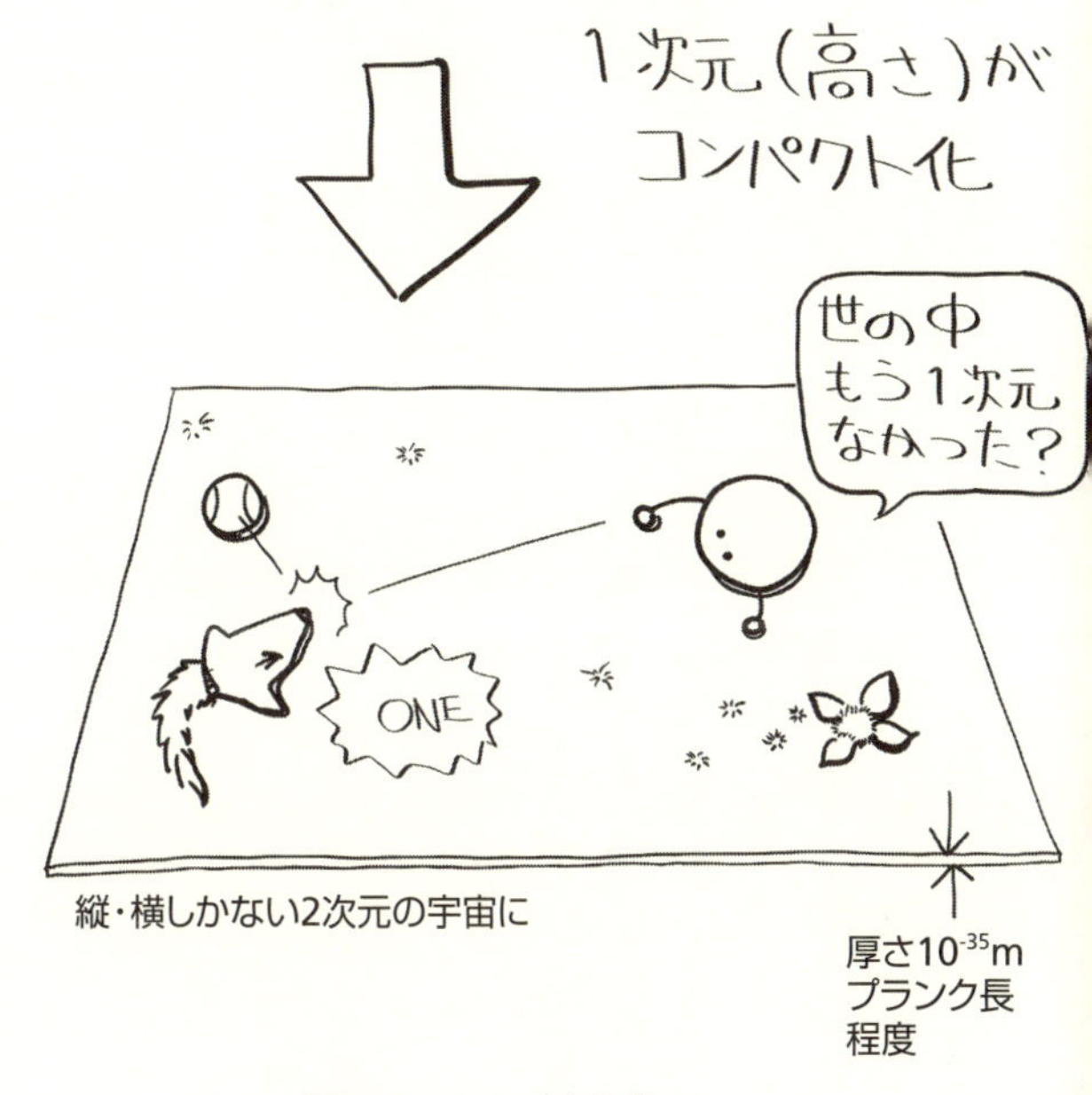

縦・横しかない2次元の宇宙に

厚さ10^{-35}m
プランク長
程度

図6-5 コンパクト化

クッキーのように平べったく潰れてしまいます。

そういうせんべい状の原子や分子を組み合わせた物体や生物が存在可能だとして、そのせんべい状の生物は、縦方向と横方向には動けますが、高さ方向には動けません。高さ方向の広がりは見ることも感じることもできないので、せんべい生物は自分が2次元の空間に住む2次元生物だと信じているでしょう。そして2次元世界の超ひも理論家に、実はその空間は3次元だが1次元がちっちゃくコンパクト化しているのだと聞いて、そんな莫迦な、3次元なんて想像できないということでしょう。

これで超ひも理論の主張するコンパクト化がなんだかイメージできたでしょうか。

超ひも理論によれば、私たちの体も宇宙空間も、ぺちゃんこに押し潰されたせんべいのような存在です。その厚みはプランク長程度で、どんな顕微鏡でも粒子加速器でも検出できません。そのため誰もその方向に気づきません。実は潰された次元は7次元もあるのに。

超ひも理論には、10次元のモデルも11次元のモデルも、もっと次元の多いモデルもあるのですが、11次元だと「重力子」に相当する粒子が現われるので、私たちの宇宙を記述するモデルは11次元だろうというのが、超ひも理論11次元派の推定です。11次元派の超ひも理論は「M理論」と呼ばれますが、一度しかでてこないので覚えなくてかまいません。

いったいどうして私たちの宇宙は11次元世界のせんべいになってしまったのでしょうか。宇宙が最初に誕生したときは11次元のどの方向にも広がっていましたが、そういう状態が不安定なため、あっというまに7次元が潰れてしまったというのがその説明ですが、納得できなくても、そういうものかとまあ思ってください。

布が漂う宇宙イメージ

1994年頃に「Dブレーン」が提案され、超ひも理論のファンタジーはさらに発展を遂げました。

11次元のこの世の中を、Dブレーンという布のような膜のようなものが何枚もひらひら漂っていると考えてください。「ブレーン」とは「膜（メンブレーン）」から超ひも理論家が作った言葉です。Dブレーンは大変大きな布で、この宇宙よりも大きいほどです。

Dブレーンからは、ほつれた糸のように、あるいはスプラウトが生えるように、大量の超ひもが生えています。私たちの観測できる4次元時空にこのひもがはみ出た部分が、私たちには電子やニュートリノやクォークといった素粒子として観測されます。（Dブレーンから外れているひももあって、光子や重力子など別の素粒子として観測されます。）

この宇宙を飛び交い、あらゆる物質を作っている素粒子は、実はDブレーンから生えているひもだというのが、超ひも理論の主張です。

また、11次元を漂うDブレーンは、稀に衝突することがあり、これがビッグ・バンの正体だともいわれています。これが超ひも理論による宇宙創成の説明です。

超ひも理論の華々しい「成果」

以上は超ひも理論の「成果」の一部です。超ひも理論は他にも、ブラック・ホールのエントロピーや、AdS/CFT双対性、ホログラフィック原理、超ひもランドスケープなどについて、ここに説明しきれない豊富な成果を挙げている、と主張しています。

超ひも理論は最初、素粒子を点状ではなくひも状と見做すアイディアとして提唱されましたが、次第に風呂敷を広げ、宇宙の目に見える出来事は11次元の時空をさまようDブレーン上で起きているという、なんだかイメージするのも困難な宇宙観に至りました。(タブー7では、そういう宇宙が10^{500}個もひしめく、さらにわけのわからない光景をお見せします。)

もしも本章を読んで、どうしてこの宇宙が11次元なのか、Dブレーンとは何なのかが理解できなくても、(無責任ですが)それは仕方ありません。ここでは11次元の量子力学について完全に説明することができません。

11次元やDブレーンの宇宙についてもっと詳しく知りたい人は超ひも理論について学んでほしい、と超ひも理論派はいうことでしょう。

ただしここで述べた11次元時空やDブレーンなどのファンタスティックでわくわくする仮説は、どれ一つとして実験や観測で検証にかけられていません。中には現実に当てはまらない仮説も交じっていると思われますが、それを実験で否定することがこの分野では困難です。量子重力の実験・観測が難しいことがこの分野の進展を阻んでいると述べましたが、そのことは理論家の立てた仮説が検証不可能なまま残るという結果にもなっています。

量子重力理論の完成は、アンドロメダ銀河に届く粒子加速器の建造までおあずけなのでしょうか。

宇宙という実験装置に期待

実は、粒子加速器では無理でも、別の実験装置で量子重力効果が観察できる可能性があります。

宇宙という実験装置です。

広大な宇宙には超巨大な粒子加速器として働く特殊な天体や天体現象が存在しています。人類の利用できるちっぽけなエネルギーなど太陽1個分にもなりませんが、その何億倍ものエネルギーが轟々渦巻く場所が見つかっています。中性子星やブラック・ホールの近傍やジェット天体や超新星爆発といった実験場では、人類の見たことのない粒子が発生したり衝突したり盛んに活動していると思われます。

実際これまで、宇宙から来た陽電子やミュー粒子を検出することによって、人類はこれらの新素粒子の存在を知ったのでした。またカミオカンデのところで紹介したように、超新星爆発から飛来したニュートリノの検出によって、この分野は十歩ほど進展しました。宇宙観測もまた、素粒子物理学を発展させてきた実績があるのです。

量子重力の研究のためには、できるものならば、ブラック・ホールの近くまで出かけていって、ホーキング放射が実際どんなものなのか見てみたいところです。ブラック・ホールは蒸発するのか、情報パラドックスはどうなっているのかといった疑問が、その他の難問もろともあっさり解決し、量子重力理論は飛躍的に進歩するでしょう。

しかし場所のわかっているブラック・ホールは、近いものでも1万光年以上の遠くにあります。そこまで観測装置を送り込むのは、いくつもの技術的ブレークスルーと1万年以上の期間が必要でしょう。

重力波来たりて量子重力進展？

じゃあやっぱりブラック・ホールの直接観測は、超々巨大な粒子加速器建造と同様、絵に描いた餅なのかといえば、まあおおむねそうなのですが、あまりがっかりする話ばかり続くのも寂しいので、希望的観測を述べてみましょう。

2015年に重力波が初めて検出されて、ブラック・ホールが存在することが疑いなく実証されると同時に、重力波がそれを観測する手段として確立しました。

本書執筆時点で、ダブル・ブラック・ホールの連星系が5〜6個、重力波源として検出されています。この数は素晴らしい速さで増えていて、本書印刷時にはもうこれより多くなっているかもしれません。重力波検出器LIGO（ライゴ）（図6-6）の運用中は、およそ1カ月に1発の率で重力波が検出されるのです。これほど頻繁にブラック・ホールからの重力波が地球をかすめていたとは、LIGOが検出するまで誰も知りませんでした。

他の検出装置もこの成功に続くべく感度向上の最中で、また新しい装置も承認されています。

ＬＩＧＯチームは、２０１７年のノーベル物理学賞を受賞しました。重力波検出から2年での受賞は、日頃慎重すぎるほど慎重なノーベル賞選考委員会にしては異例の早さです。それほど重力波検出が重要で衝撃的な成果だったということです。

さらに２０１７年には、ダブル中性子星連星系からの重力波も検出されました。これは中性子星が2個、互いの周りを周回する連星系において、中性子星同士が衝突・合体したときに放射された重力波だと推定されています。

中性子星衝突・合体は、存在が数十年前から予言されていた天体現象で、これによってガンマ線バーストという天体現象の謎や、宇宙に存在する重元素の起源の謎などが解けるといわれていました。

実際に発見されてみると予想通りで、これまでの謎が本当に端から解けました。

この見事な成果の連続は、重力波天文学という新しい学問分野が始まったことを示しています。重力波は豊かな情報を含むメッセージです。21世紀はここから宇宙について多くを知ることになるでしょう。

図6-6 LIGO

上空から見たLIGOハンフォード観測所。提供:LIGO

重力波はブラック・ホールを直接観測することができます。重力波は、シュヴァルツシルト半径で何が起きているか捉えることができ、これでブラック・ホール本体を初めて研究できるようになったといえます。これまでのX線や電波の観測では、ブラック・ホールからかなり離れたところの物理現象しかわかりませんでした。

そしてひょっとしたら、ブラック・ホール本体からの重力波には、未知の量子重力効果が現われているかもしれないのです。

そもそも量子力学が始まったのは、原子や分子というミクロな物体の観測的研究が進んだからです。ミクロの世界が既存の物理学では説明できない性質を備えていることが判明し、それを説明するための理論として量子力学が発展したのです。

つまり、量子力学は観測結果を説明するために作られたのです。

一方、量子重力理論は、それを必要とする観測データがほとんどありません。現在の量子力学には論理的な不整合があるために、それを解消する新しい理論が必要だと考えられているのです。強いていうなら、宇宙膨張から結論されるビッグ・バン、それにブラック・ホールの存在が、量子重力理論によって説明を必要とする観測結果ですが、いずれも直接観測されているわけではありませんでした。

ところが重力波によって初めてブラック・ホールが直接観測できるようになると、ここから得られる観測結果が全て一般相対論の予想通りかは、まだわかりません。ひょっとしたら、ほとんど実験的に検証されていないブラック・ホールの理論は、どこか間違っているかもしれません。原子や分子を観察してみたら、マクロな物体を単に小さくしたものではなく、異なる物理法則に従うことが判明したように、現実のブラック・ホールは、異なる物理法則、この場合量子重力理論を体現しているかもしれないのです。

超々巨大な粒子加速器を建造しなくても、宇宙から量子重力理論のヒントが降ってくるかもしれません。

ここしばらくは重力波に注目です。

タブー7

人間原理

ヒトは特殊な生物です。言葉を用いてコミュニケーションし、文字に記録し、科学の手法で物理を探り、技術の力で環境を改変します。そして宇宙の構造や生命の仕組みまでも明らかにしようとしています。このような生物は他にありません。

いや、ヒトのような知性のあるなしにかかわらず、そもそも生命は宇宙に貴重な存在です。地球以外の太陽系天体はどれも生命の生存に適しません。今のところ、生命が確認されたのは地球の表面だけです。

人間原理は、人間という知的生命体が存在しているという事実から、宇宙がこのようにできているわけを説明しようとする試みです。反証が難しい論法で、これは科学ではないと否定する人も少なくありません。この論理は、地球型惑星や、地球外生命体をどう説明しているのでしょうか。

宇宙原理と人間原理

慎ましやかな「宇宙原理」

「人間原理」の前に「宇宙原理」について説明しましょう。宇宙原理は広く受け入れられている仮定です。人間原理とちがい、宇宙原理をうさんくさいと思う人はあまりいません。

私たちの地球は、宇宙の一角にある天の川銀河の片隅の、太陽という恒星を周回しています。宇宙原理とは、「私たちの天の川銀河は他の銀河と大差ない平凡な銀河であり、宇宙の特別な場所ではない」という仮定です。ここがビッグ・バンの爆心地であるとか、神が人間のために特別にしつらえたところなどではないということです。

地球が宇宙の中心に位置すると考えた古代ギリシャや中世ヨーロッパの思想に比べて、大変謙虚な主張です。

ハッブルは、遠方銀河が私たちから高速で遠ざかっていることを発見しました。これを聞くと、私たちのいるところがあたかも爆発の中心地のような特別な場所であるかのように（私たちが宇宙の銀河から嫌われているかのように）、感じられるかもしれません。

しかしそうではありません。ハッブルの発見は、宇宙のあらゆる銀河が他のあらゆる銀河から遠ざかっている証拠と解釈されます。

よその銀河の住人が宇宙を観察すると、私たちの天の川銀河を含む他のあらゆる銀河が、その銀河人から遠ざかりつつあることを発見し、自分の銀河はよその銀河に嫌われているのだろうかと悩むことになるのです。

もっとも、よその銀河人に観測結果を聞いて確かめたわけではないので、他の銀河からも同じ光景が見えるだろうというのは、一つの仮定です。宇宙原理は、今のところ確かめることのできない仮定なのです。しかしほとんどの研究者は、私たちの天の川銀河が宇宙の特別な地位を占める名誉ある銀河だとは、主張する勇気も根拠も持ち合わせていないので、この原理を受け入れています。

また、宇宙原理を受け入れないと、アインシュタインの重力方程式は複雑すぎて解けません。宇宙はどこでも同じという仮定を入れると、重力方程式は人間の頭脳にも扱える程度に簡単になり、この宇宙解は正しいとか間違っているなどと議論可能になります。

宇宙論において、宇宙原理は問題を簡単にする実際的な原理でもあるのです。

重力方程式を簡単にするための宇宙原理は、アインシュタインによる世界最初の宇宙論の論文『一般相対論についての宇宙論的考察』(タブー4の注1)において、すでに採用されていました。

これを「アインシュタインの宇宙原理」と呼んだのは、ミルン宇宙モデルを提案したミルンで、1935年のことです。(ただしミルンの唱えた宇宙モデルは宇宙原理に反する宇宙でした。どうもアインシュタインの一様等方の仮定を讃えるために宇宙原理という言葉を用いたわけではないようです。）

教科書によっては、宇宙原理という大袈裟な言葉は使わず、単に「宇宙は一様等方」と述べる流儀もあります。「一様」とは、宇宙に特別な場所はなくどこでも同じ、「等方」とは、空のどの方向も同じという意味です。

科学は人間を謙虚にしてきたはずが……

さて宇宙原理は、私たちは特別な存在ではないという、はなはだ謙虚で慎ましい思想を表わしたものといえますが、人類がこのような謙虚な思想に到達したのは近代のことです。

例えば、中世ヨーロッパを思想的に支配していたカトリック教会は、地球が宇宙の中心であるという、文字通り自己中心的で自信に満ちた教義を採用していました。これに反して、地球は太陽を周回するという地動説を支持したジョルダーノ・ブルーノ（1548-1600）は火刑に処され、ガリレオ・ガリレイ（1564-1642）は宗教裁判にかけられて「地動説は間違っている」と言わされたのは有名なエピソードです。

もちろん現代では宇宙論を唱えても異端審問にかけられる恐れはまずありません。カトリック司祭のルメートルは、宇宙が原初の原子から生じたという、中世の異端審問官が聞いたら怒り狂って死刑を叫ぶこと間違いない主張をしましたが、お咎めなしです。それどころか後には教皇科学アカデミーという、世界のカトリック教会の頂点・法王庁の科学機関の総裁に就任します。

（余談ですが、1951年、教皇ピウス12世は科学アカデミーを前に、『現代自然科学が明らかにする神の存在の証拠』[注1]という心躍る演説を行なっています。

これは、ビッグ・バン宇宙論をはじめとする科学の先端トピックスを取り上げ、それらは神の存在の証明だと述べる、大胆でわくわくする声明でした。科学が明らかにした宇宙の始まり、無から光と放射と物質が生じてほとばしるビッグ・バンは、神によって世界が創造された「光あれ」の瞬間だというのです。

教皇がビッグ・バンを認め、それがキリスト教の教義に合致するとお墨付きを与えたことは、神学の議論と世界のカトリック信者に衝撃を与えました。この演説草稿にアカデミー会員ルメートルがどれほど貢献していたのか、知りたいところです。）

地動説は地球を宇宙の中心から転げ落としました。その革命は近代科学者によってさらにラジカルに推し進められました。知れば知るほど、宇宙は人間中心にできていないのです。地球は太陽を周回する惑星の一つにすぎず、太陽のような恒星は銀河に1000億もあります。そしてこの謙虚な革命はついに、宇宙は一様等方で、どの銀河から見ても宇宙は同じという、宇宙原理にまで到達しました。

科学は人間を謙虚にしてきた歴史があるのです。

ところがこの章のテーマである人間原理は、この宇宙が私たち人間の存在に適していると考え、人間の存在から宇宙を説明しようとする思想です。ここにおいて、科学はこれまでの流れに逆らい、なんだか反動的な転回を遂げようとしているのでしょうか。

渡る宇宙は親切ばかり

さて、科学の進歩につれて私たちは宇宙の中心から転がり落ちたのですが、それとともに、宇宙が私たちに妙に親切なことも明らかになってきました。

望遠鏡で太陽系を観察してみると、地球は太陽を周回する約10個の惑星の一つでした。地球の希少価値が10分の1におとしめられた気がするでしょうか。しかしそのうち生命を宿すのは地球だけのようなのです。他の惑星は熱すぎたり寒すぎたり水がなかったり、(地球型の)生命に適していません。

そして地球に生命が生まれて、その一種が高度な知性を獲得し、言葉でコミュニケートすることを覚え、道具を使い、文明を発達させた過程を眺めると、そこにはさまざまな宇宙の親切が幾重にも積み重なっていることに気づきます。

38億年前の岩石に生物の痕跡が残っているので、最初の生命はその頃に発生したと考えられます。地球が誕生して10億年弱で生命が発生しているので、環境さえ整っていれば、それくらいの年月で生命は発生するものなのかもしれません。

初期の生命は、1個の細胞からなる小さなものでした。1個の細胞の中に、生存に必要な機能を全部備えていて、条件がよければ肥え太った末に分裂し、2匹に増殖します。

もっと複雑な、いくつもの細胞からなる多細胞生物が発生するのは、約5億年前と推定されます。多細胞だと、巨大で複雑な体を作ることができます。ヒレや脚や、他の生物を捕食するための爪や目を持つ、高度に洗練された生物の化石が5億年前の地層からうじゃうじゃ出てくるのです。それまで1個の細胞だけしか使えなかった生命が、たくさんの細胞を使うことができるようになって、そうするとこんな形の器官やあんな構造の体もできる、と喜んで造形しているかのようです。

約5億年前、多細胞化によって、突如として複雑な形の生物がうじゃうじゃにょろにょろ大量発生した地球的事件は、「カンブリア爆発」と呼ばれます。（ただし、単細胞生物から多種多様な多細胞生物への進化は数億年かけて徐々に進行したという説もあり、だとすると「爆発」という表現は不正確かもしれません。）

生命は地球が誕生してから10億年弱で発生しているのに、それが多細胞生物に進化するのにはそれから30億年以上かかりました。生命にとって、多細胞化はそれほど難しい高度な技術なのかもしれません。（30億年の間、生命は怠けていたわけではなくて、おそらく細胞内の化学的な仕組みの研究開発をずっと続けていたのでしょう。化学的な進化は化石からはわかりません。）

太陽は私たち生命になんとも都合がいい

そしてこの生命進化の過程のどこに宇宙的親切が働いているかというと、最初から最後までがそうなのです（図7-1）。

大雑把にいって、生物の体の3分の2は酸素からなります。生物の体重の大半は水で、水の質量のほとんどは酸素の質量だからです。酸素に炭素と水素と窒素を合わせると、体重の96パーセントを占めます。他にさまざまな元素が微量含まれていますが、生物は大体この４元素からできています。

酸素と炭素と水素と窒素を混ぜて捏ねれば生命が発生するわけではありませんが、地球の生物を眺める限り、この４元素は最低必要だろうと思えます。

そして酸素と炭素と窒素の３元素は、宇宙に最初から存在したわけではありません。ビッグ・バンの元素合成では（『アルファー・ベータ・ガンマ論文』の予想に反して）、水素とヘリウムしか合成されませんでした。

その後宇宙が冷えると、水素ガスとヘリウム・ガスが集まって恒星が生まれます。恒星内部で核融合が起き、あるいは恒星が寿命の終わりに超新星爆発を起こして、そこで水素とヘリウム以外の元素が合成されて宇宙にもたらされたのです。都合のいいことに、宇宙にわりと豊富なヘリウムが核融合反応を起こすと、酸素と炭素と窒素がどんどん生産されます。

つまり、生命に必要な酸素と炭素と窒素が宇宙空間に供給されたのは、ビッグ・バンからしばらく経って、恒星が核融合や超新星爆発を始めてからなのです。それまで、宇宙は水素とヘリウムばかりで、酸素や炭素や窒素やその他重元素はほとんど存在しませんでした。

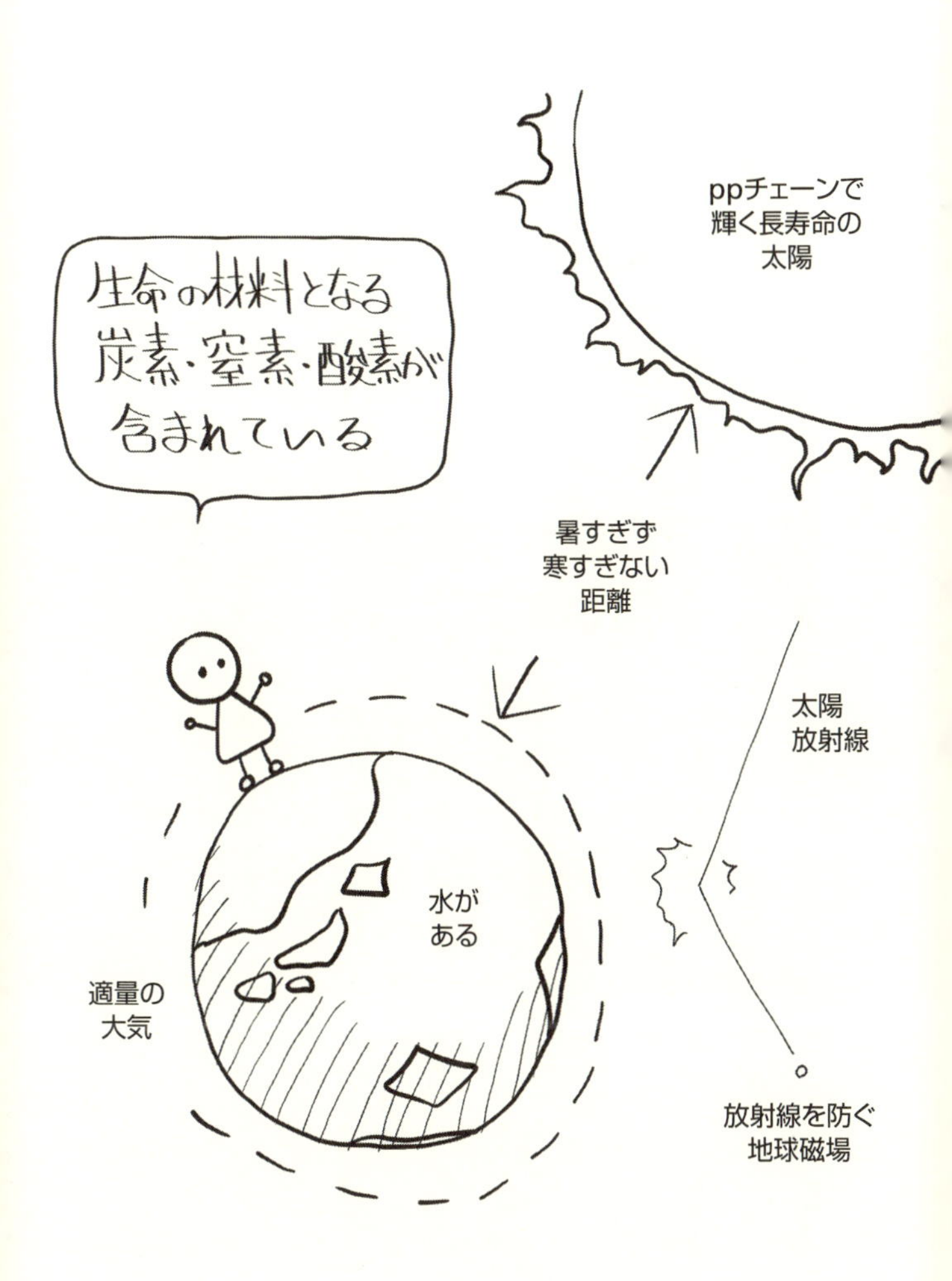

図7-1 渡る宇宙は親切ばかり

私たちの太陽系は、ビッグ・バンから約100億年の後に誕生しましたが、そのため生命の材料となる元素が宇宙には適度に含まれていて、私たち生命が利用しているわけです。これがもしビッグ・バンから1000万年後の恒星系なら、生命が発生できたかどうか怪しくなります。

つまり、私たちの太陽は、私たち生命に都合がいい時期に作られたのです。

我らが太陽のいいところはまだあります。太陽内部では、水素の原子核が4個くっついて1個のヘリウム原子核に変化する核融合反応が進み、これによって発生した熱エネルギーが太陽を輝かせ、地表に恵みの日光を浴びせています。この核融合反応は「pp（ピーピー）チェーン」というヒバリのさえずるような名前がついています。

地球は特別な惑星なのか

水素原子核を核融合させるやり方はいくつもありますが、その中でこのppチェーンは燃料消費率が低く、ちょろちょろ燃えながらゆっくり水素を消費していきます。消費がゆっくりなので、私たちの太陽は50億歳でまださんさんと光り輝き、あと50億年程度は長生きすると見られています。

太陽が長生きであることは、多細胞化に30億年かかった私たちの祖先にとって大変好都合でした。もしも太陽の寿命が短かったら、生命は発生できたかどうか疑わしく、さらに、発生しても複雑な生物に進化する余裕がなかったでしょう。

宇宙には、ｐｐチェーンよりも燃料消費率の高い核融合反応を用いている恒星もあります。どの核融合方式を用いるかは、その恒星の質量と組成で決まります。消費率が高いと、その恒星は私たちの太陽の１００倍以上の明るさでぎらぎら輝き、短期間で大量の水素を消費します。その結果、1億年以内という、宇宙的には一瞬で燃え尽きてしまいます。燃え尽きた後は超新星爆発を起こしたり中性子星になったりブラック・ホールになったりするのですがここではその話は略します。

そういうぎらぎら輝く太くて短い生涯を送る恒星系では、生命が発生し、知性を持つまで進化することが難しいでしょう。

他にも、地球が月という巨大な衛星を持つことが海の生成に必要であったとか、地球の比較的強い磁場が大気を保存したとか、さまざまな条件が私たち生命に好都合に働いたと考える人もいます。

こうして見ると、平凡な太陽の変哲もない第三惑星は、実はさまざまな宇宙的親切の焦点のように思えてきます。もう地球の特徴は全部生命のためにある感じです。地球は実は特別なところなのでしょうか。人知を超えた神のような存在にデザインされたのでしょうか。

そもそも生命は都合のいい星に発生するはず

しかし、こういう宇宙的親切は（神のような存在を持ち出さなくても）説明することができます。私たちが都合のいい場所に住んでいるのは、ちょっと考えてみれば当然だという説明です。

そもそも生命は、生命に都合のいい星に発生するはずです。生命に適した星の他のサンプルはないのですが、そういう星はおそらく適度な量の大気と海を持ち、炭素や窒素や酸素の豊富な惑星と推定されます。そして異星の生命のうち、数十億年かけて知性を発達させられるのは、数十億年の寿命を持つ恒星を周回するものでしょう。

そうして生まれた知性は、周囲を見渡して、宇宙の中でも居心地のいい環境に住んでいることに気づくでしょう。宇宙的親切の働いた自分たちの星は、特別なところなのか、人知を超えた神のような存在にデザインされたのかと思いを巡らすことでしょう。

ここまで来たら人間原理まであと一歩です。

ある種の素粒子論に基づく見積りによると、このような都合のよい宇宙が私たちに提供される確率は、10^{100}分の1〜10^{500}分の1程度という、想像を絶する僥倖だというのです。

超ひも理論による無数の宇宙

タブー6で述べた量子重力理論の一派、超ひも理論（の一部の研究者）によると、私たちの暮らすこの宇宙の他に、実は無数の宇宙が存在しています。

今度はいったい全体何をいいだすのやらと思われるでしょうか。タブー6で超ひも理論を紹介したときには、いくらなんでもそんな突飛な理論ではなかったはずです。

無数の宇宙の存在は、超ひも理論家の全員が認めているわけではありません。そもそも超ひも理論そのものが、まだ定説というわけではありません。しかしここでは、（超ひも理論家の一部が主張する）無数の宇宙を根拠とする人間原理について説明します。眉に唾をつけながらしばらくおつきあいください。

超ひも理論の予言する無数の宇宙では、素粒子や素粒子の間に働く力（重力・電磁気力・弱い力・強い力）の性質が同じではありません。（多世界解釈ではどこの世界でも物理法則は同じと考えたので、それよりさらに過激なアイディアといえます。）そういう物理法則の異なる宇宙は10^{100}通り〜10^{500}通りあるといいます。いくつなのか、人によって見積りが何十桁もちがうので、あまり確かな数ではなさそうです。

それらの無数の宇宙はこの宇宙とまったく接触がなく、実在を確かめることは不可能です。実験で検証も反証もできないそういう理論を、果たして科学と呼んでいいのかどうか疑問視する向きもありますが、否定もできないのがこの説のしぶといところです。（検証も反証もできない理論を信じる人を説得することはできないでしょう。）

「人間原理」で侃侃諤諤

１９７０年、オーストラリア出身・フランス国立科学研究センターのブランドン・カーター研究員（１９４２-）は講演で「人間原理」というアイディアを世に紹介しました。

このアイディアは注目され評判となり、本当だったら面白いという半信半疑の興味から断固拒絶という明確な嫌悪まで、さまざまな反応を引き起こしました。カーター研究員はホイーラーの勧めで、これを『巨大数の一致と、人間原理に基づく宇宙論[注2]』という論文の形にしました。（またもやホイーラーです。どれほど奇想・珍案が好きなのでしょうか。）

カーター研究員が「強い人間原理」と呼んだアイディアに、その後の宇宙論と素粒子理論の進展を取り込んだ現代版を、ここで解説しましょう。

超ひも理論などの予想する、物理法則の異なる無数の宇宙のほとんどは、生命の存在できない不毛な宇宙である、と人間原理は主張します。例えば素粒子の質量がちがう宇宙では、炭素や窒素や酸素の原子核が不安定で存在できないといいます。それでは(地球型)生命は生まれません。

また例えばダーク・エネルギーが大きな宇宙では、宇宙膨張が急激に加速し、宇宙空間のガスが重力で引き合うよりも速く薄まってしまうので、ガスの塊である銀河や太陽のような恒星が形成されないと考えられます。太陽がなければ(地球型)生命はやはり期待できません。

反対にダーク・エネルギーが負の値を持つと、ビッグ・バンから間もなく、宇宙は膨張から収縮に転じ、くしゃっと潰れてしまうと予想されます。(「別の宇宙で起きていたかもしれない出来事」を「予想」するというのも変ですが、私たちの言語は無数の別の宇宙を扱うようにできていないので、仕方ありません。知ることも確かめることもできない他の宇宙の出来事を正しく表現できる言語が作られるまで、祖先が残したこの言語でやりくりしましょう。）

この見方によると、生命の発生に適した宇宙を探すのは、非常に難しいことになります。最近の観測によると、地球のような惑星は天の川銀河の中ではどうも珍しくないようですが、超ひも理論によれば、そもそも恒星が光り輝きその周囲を岩石惑星が何億回も周回できるような宇宙は、10^{500}通りの宇宙のうちほんのわずかだというのです。10^{100}通り〜10^{500}通りもある宇宙のうち、生命の発生に適した条件を備える宇宙だけが知的生命を育むことができるため、そこで生まれた知性はあたりを見回して、生命に適した宇宙が広がっていることを発見し、粒子加速器や宇宙線検出器で素粒子構造を調べて、知性の発達に都合がいい物理法則を見いだすことになるでしょう。というのが人間原理の「予想」です。

インフレーション理論の描く「マルチバース」

超ひも理論は超どんぶり勘定で10^{500}もの宇宙を「予想」しますが、この理論以外にも、物理法則の異なる無数の宇宙を「予想」する説があります。

例えば「インフレーション理論」と呼ばれる宇宙論は、ビッグ・バンの最初期、宇宙創成から10^{-36}秒程度、つまり1秒の1兆分の1の1兆分の1のそのまた1兆分の1の間に、宇宙がインフレーションと呼ばれる大爆発的膨張を起こしたとします。

ビッグ・バンそのものが爆発的膨張なのですが、インフレーションはそれを圧倒的に上回る成長率の大膨張です。インフレーションによって宇宙は10^{26}倍程度膨れ上がりました。これは原子核サイズから、太陽系サイズ（といっても、地球軌道）までの膨張率に相当します。そのあと宇宙は、時間にほぼ比例して広がる「普通」の爆発的膨張をするようになったといいます。

遠方銀河を観測すると、インフレーション理論の予想と一致するので、この理論はある程度当たっていると考えられます。けれどもインフレーション理論（の一部理論家）は、インフレーションの最中に、宇宙から小さな子宇宙がキノコのようにぽこぽこ発生するという、にわかには信じがたい結論を導くのです。イメージを図7-2に示します。

子宇宙は生後間もなく親宇宙から観測不能・干渉不能になり、その後独自にインフレーションとビッグ・バンを起こして成長します。その過程で孫宇宙をぽこぽこ生やすので、子や孫や曽孫や玄孫（やしゃご）を合わせた宇宙の数は、超ひも理論の予想にも負けず劣らず膨大なものになります。無限の宇宙と表現する人もいます。

インフレーション理論の描く、子宇宙や孫宇宙がぽこぽこうじゃうじゃ犇めくありさまは「マルチバース」と呼ばれます。（一方、超ひも理論は10^{500}の宇宙を合わせて「超ひもランドスケープ」と呼ぶようです。）

そしてこのマルチバースを構成する子宇宙の一つ一つも、異なるダーク・エネルギーや異なる素粒子質量などを持つ、異なる物理法則に支配される宇宙だと考えられています。

「生命の発生」を前提に物理理論を考える派閥

ここでまた人間原理の出番です。（歴史的には、超ひもランドスケープはインフレーション理論の後に考えだされたので、人間原理が適用されたのはマルチバースが先です。）

人間原理を使えば、うじゃうじゃぽこぽこある無限に不毛なマルチバースの中の、このような居心地のいい宇宙に私たちが住んでいる理由が説明できます。説明できるというのが人間原理の主張です。そういう居心地のいい宇宙でのみ知的生命が発生するからです。

体重や身長などの値には個人差がありますが、素粒子の質量や、重力や電磁気力などの強さといった物理量は、誰がどこで測っても変わりありません。そういう、宇宙のどこでも（たぶん）同じ物理量で、特に基礎的で重要なものを「基礎物理定数」などといいます。

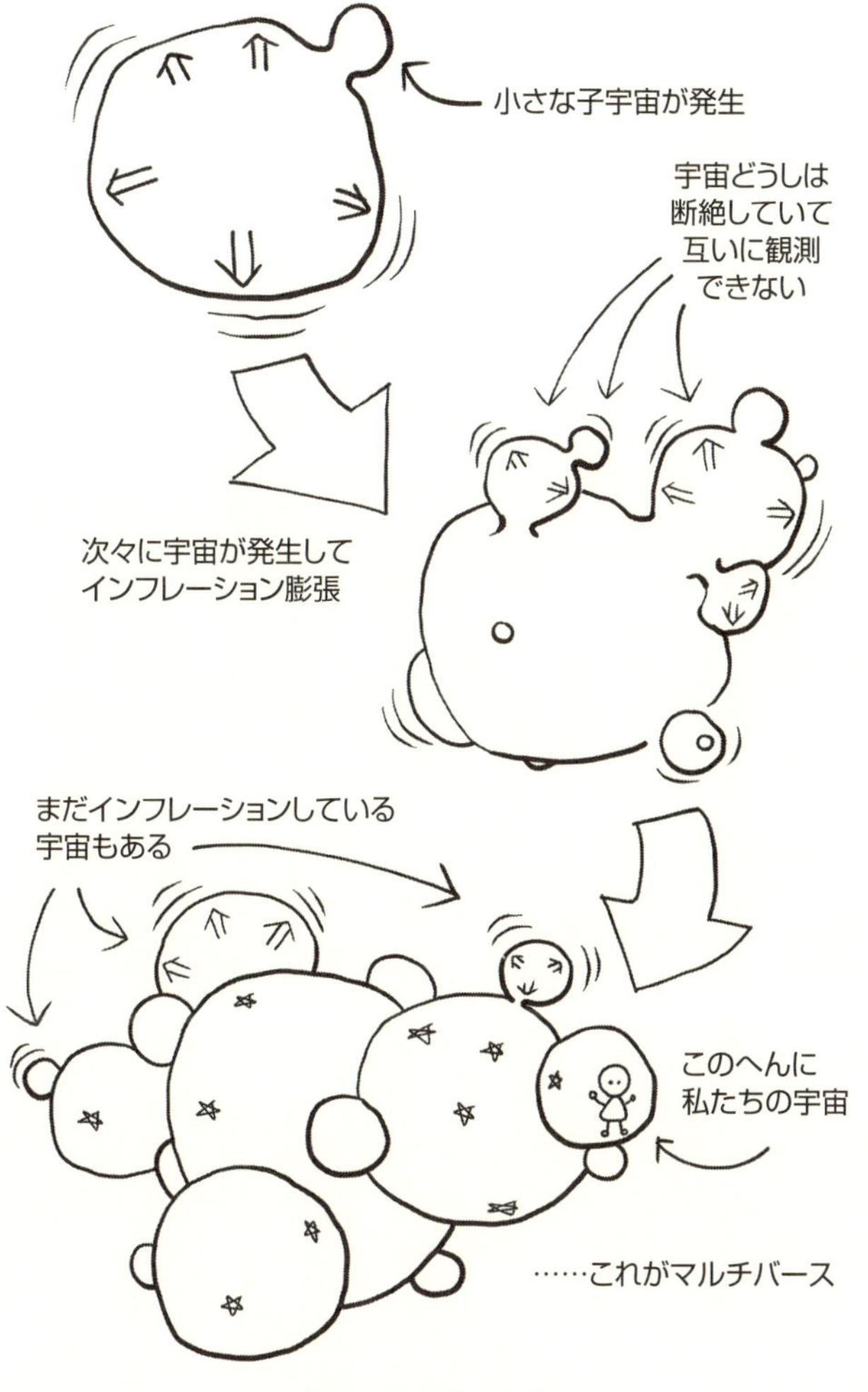
インフレーション膨張する初期宇宙
小さな子宇宙が発生
宇宙どうしは
断絶していて
互いに観測
できない
次々に宇宙が発生して
インフレーション膨張
まだインフレーションしている
宇宙もある
このへんに
私たちの宇宙
……これがマルチバース

図7-2 マルチバース

基礎物理定数は、他の物理法則から導けるものではありません。測定して初めてわかる量です。（導けない物理量を基礎物理定数と呼ぶので当たり前ともいえます。）導けないということは、どうしてその値なのか、理論的に説明できないということです。

どこかに人類のまだ知らない物理理論があって、それを応用すると基礎物理定数やダーク・エネルギーや電磁気力の強さなどが計算によってどんぴしゃでてくるのでは、と考えてそういう物理理論を追い求める試みは、今のところ成功していません。

人間原理の立場だと、そういう基礎物理定数を導く未知の物理理論や神秘の物理法則は、なくてもかまいません。そういう基礎物理定数はそれぞれの宇宙で偶然によって決まるもので、宇宙ごとにちがいます。この宇宙の基礎物理定数がこういう値になっているのは、こういう値から大きく外れていると生命が発生できないからだといいます。

人間原理は宇宙の加速膨張を予言していた?

人間原理はさらに大胆に、そういう基礎物理定数の値を予言します。人間原理が基礎物理定数、例えばダーク・エネルギーの値を予言するやり方を、ここで一つ実演してみせましょう。

ダーク・エネルギーは宇宙ごとに何十桁もちがうかもしれません。そっちの宇宙では10^{40}くらいの値、こっちの宇宙では10^{38}くらいの値になっているかもしれません。しかし銀河や星が形成されて生命が発生するためには、（ちょっとゆるめに見積って）0から1くらいの範囲でないといけません。すると無数の宇宙の生命は、ダーク・エネルギーを測定してみて、0から1くらいの測定値を得ていることでしょう。

さて、0から1くらいの間の数を1個適当に選んでみてください。これはどこかの宇宙の生命が、自分のところのダーク・エネルギーを測定してみることに相当します。

もし0から1くらいの間の数をランダムに選ぶと、そのほとんどは0・1〜1の間になります。0・1よりも小さな数を選ぶ確率は10パーセントです。もっと小さな値を選ぶ確率はさらに低くなります。0・01以下の数を引き当てる確率は1パーセント、0・001以下の数を選ぶなら0・1パーセントです。

そうすると、マルチバースやランドスケープに犇（ひし）めく無数の宇宙で、ダーク・エネルギーを測った生命は、90パーセントの確率で0・1〜1の測定値を得るといってよいのではないでしょうか。0・01以下や0・001以下の測定値を得る生命は稀でしょう。というのが人間原理の予言です（図7-3）。

人間原理の予言をいいかえると、宇宙ごとに異なる物理定数を測定すると、おそらくその値は平凡な値となるだろう、となります。０・０１や０・０００００１といった変わった値にはおそらくならないでしょう。

そして実際に、宇宙の加速膨張から見積られるダーク・エネルギーの値は０・７５と判明しました。

宇宙の加速膨張が発見されたとき、多くの天文研究者は予想外のことに驚いたのですが、人間原理はこれを予言していたのです。と、テキサス大学オースティン校スティーヴン・ワインバーグ教授（１９３３-）などの人間原理支持者は主張しました。

さて人間原理が予測を行ない、観測や実験によって検証できるなら、これは一つの科学理論と呼べるのではないでしょうか。人間原理は反対者の轟々たる批判と反発をはねのけて、21世紀の科学理論の地位を占めるのでしょうか。

もう一度人間原理の論理をおさらいします。

インフレーション理論や超ひも理論（のある流派）によると、物理定数などが現在見られるような値になったのは、そうなる必然があったのではなく、マルチバースやランドスさまざまな宇宙でダーク・エネルギーを測ると……

0～1の範囲から外れた宇宙では
生命が発生しない

知的生命は似たような値を得る

……したがって、
人間原理はダーク・エネルギーとして
平凡な測定値0.1～1を予言する

図7-3 人間原理は平凡原理

ケープの中でたくさんの宇宙ができる過程で偶然決まったのだといいます。

そしてそれら物理定数を測ってみれば、大きすぎも小さすぎもしない平凡な値が得られるだろう、というのが人間原理の予言です。ダーク・マターだとか中性子の質量だとか弱い力の大きさといった物理定数を測定すると、恒星が輝いて惑星に生命を発生させることができるような範囲の値が得られることは当然として、そういう範囲の中で、上限すれすれでも下限ぴったりでもなく、その間のまあまあ平凡な値となるというのです。生命を発生させうる範囲が例えば0〜100だとすれば、測定値として99・99だとか10^{-50}といった極端な値が得られる「確率」はきわめて低く、39・60とか11・77などという値が得られるだろうということです。

ゴット推定

ゴット推定とベルリンの壁

さてこの論法にヒントを得て、プリンストン大のジョン・リチャード・ゴット三世教授（1947－）はさらにアクロバティックな未来予測手法を思いつきます。(注3) 人類の寿命は何万年か、ベルリンの壁はどれくらい存続するか、銀河文明は成立するかといった、本来答のでない問題に、無理にでも答をだす手法です。ゴット教授はこれを「コペルニクス原理」と名づけましたが、ここでは「ゴット推定」と呼んでおきます。

　ベルリンの壁の歴史と意義をここで詳しく論じることは残念ながら本書の範囲を大幅に超えるので割愛しますが、それはベルリンという都市を東西に分割した巨大な建築物で、人々に憎まれながら1961年から1989年まで存在したと述べておきます。

　1969年、若きゴット教授は築8年のベルリンの壁を見学し、この壁はあと何年存続するのだろうかという疑問を抱いたそうです。やがてソビエト社会主義共和国連邦が崩壊することも、東ドイツ（ドイツ民主共和国）と西ドイツ（ドイツ連邦共和国）が統一されることも、当時は誰も知りませんでした。

　そういう誰も答えられない疑問について、普通ならばそれ以上深く考えることはないのですが、ゴット教授の思考はここで飛躍を遂げました。

　ベルリンの壁がある一定期間存続し、その間多数の観測者がこれを見学するとします。すると、観測者の4分の1は初めの4分の1の期間に、つまり壁が建造された直後に観測すると見做していいでしょう。また観測者の4分の1は終わりの4分の1の期間に、つまり壁の消滅直前に観測すると考えていいでしょう。そして観測者の半数は、建造直後でもなく消滅直前でもない、中間の2分の1に観測するでしょう。図7-4に図解します。

するると、ここが飛躍なのですが、ゴット教授によるベルリンの壁の観測の時期は、50パーセントの「確率」で、壁の存続期間の中間2分の1に入ると考えられないでしょうか。

ゴット教授が観測した時点で壁は築8年だったので、これが中間2分の1に入るということは、壁の存続期間は10・7年〜32年ということになります。壁の存続期間が10・7年なら、その約4分の3を経過する時点で観測したことになります。存続期間が32年なら、その約4分の1を経過する時点で観測したことになります。

つまりベルリンの壁は、ゴット教授が観測したとき築8年だったことから、全存続期間は50パーセントの「確率」で10・7年〜32年であると推定できるというのです。

そして1989年、ベルリンの壁は押し寄せた市民によって打ち倒され、東ドイツは消滅し、壁は28年で存続期間を終了しました。ゴット推定は当たったのです。と、ゴット教授は主張しました。

これはなんだか手品を見せられているような推定手法です。ある物の存続期間を推定するのに、その物が何であるか、どのような性質を持つかといったデータを用いずに、観測

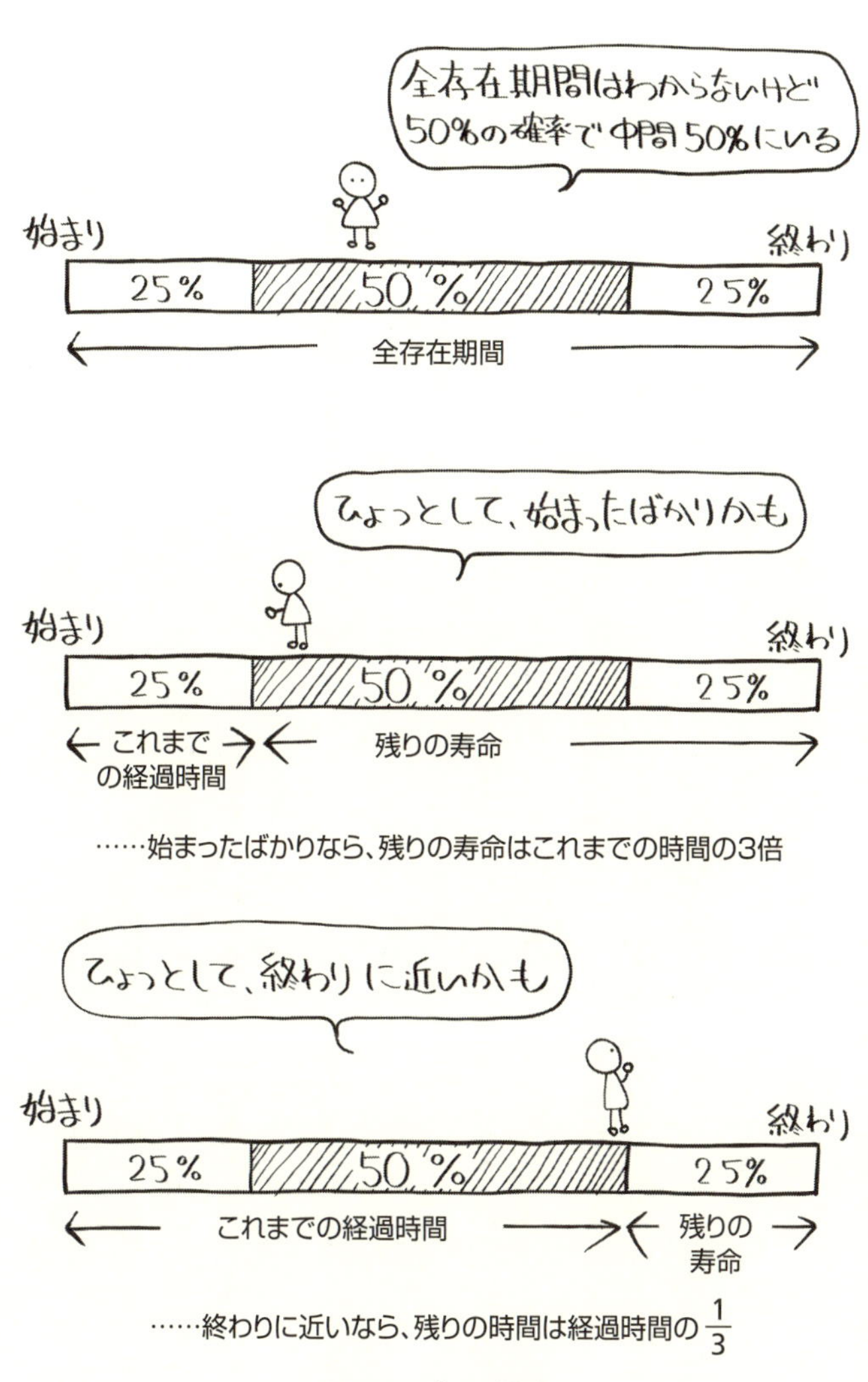
全存在期間はわからないけど
50%の確率で中間50%にいる
始まり
終わり
25%
50%
25%
全存在期間
ひょっとして、始まったばかりかも
始まり
終わり
25%
50%
25%
これまでの経過時間
残りの寿命
……始まったばかりなら、残りの寿命はこれまでの時間の3倍
ひょっとして、終わりに近いかも
始まり
終わり
25%
50%
25%
これまでの経過時間
残りの寿命
……終わりに近いなら、残りの時間は経過時間の $\frac{1}{3}$

図7-4 ゴット推定

者がそれをいつ観測したかという、本来無関係なはずの情報を用いるというのです。

ゴット教授はベルリンの壁の他、ミュージカルの上映期間、国家体制、遺跡など、通常の方法では推定できないものの存続期間を推定してみました。ある推定は当たり、ある推定は外れ、そして残りはまだ存続しているので当たりか外れか判定は持ち越しです。

ゴット推定と人類最期の日

ここで試しに私たち人類の未来をゴット推定で占ってみましょう。

筆者と読者のみなさんはホモ・サピエンスという生物種に属します。(機械知性や他の生物種の読者がいらっしゃったらお知らせください。) ホモ・サピエンスは約20万年前にアフリカで発生して地球全土に広がり、人口を爆発的に増やして現在に至ります。

生物種というものは、進化の結果生じ、ある期間繁栄し、やがて絶滅に至ります。長く盛んに栄える種もあれば、世界の片隅でひっそりと寿命を終えて化石すら残さない種も多くあります。私たちホモ・サピエンスは(地層に化石と遺物を大量に残すことは確実ですが) あとどれほど寿命が残っているでしょうか。

さてホモ・サピエンスの全個体、すなわち約20万年前にアフリカでホモ・エレクトスの夫婦に生まれた最初のホモ・サピエンスの赤ちゃんから、地球最後の男または女までの全個体を、1人、2人と数えて、生まれた順番に並べたとします。この個体までが祖先種ホモ・エレクトス、次の世代からが新種ホモ・サピエンス、という線引きをするのは難しく、見解によって、数万人ほどちがいがでるかもしれませんが、議論に大きな影響を与えません。

この列が大変に長くなるのは間違いありませんが、問題はどれほどの長さになるかです。過去に生まれたホモ・サピエンス個体だけでも約1000億人と推定されます。1000億人が1メートル間隔で並ぶと地球を2500周します。肩車すると火星軌道に達します。これに、今後生まれてくる個体も加わるのだからもう大変です。

ここでゴット推定を用います。

ホモ・サピエンスの長い長い列の中には筆者も並んでいます。ベルリンの壁を眺めたゴット教授のように、筆者もホモ・サピエンスの列を眺め、この列はあと何人続くのだろうかと考えてみます。筆者の位置（1000億番目とします）は50パーセントの確率で列の中間の2分の1に入ると推定できます。そうすると、列の全長は50パーセントの「確率」で1300億人〜4000億人である、というのがゴット推定の結論です。最も悲観的な推定では、ホモ・サピエンスの列はあと300億人ほど出生したところで終わりになります。楽観的な推定では、あと3000億人ほど生まれ続けます。

ホモ・サピエンスの列はどのように終わるのでしょうか。そこまではゴット推定は教えてくれません。

恐竜のように、巨大隕石の衝突とそれによる気候変動によって、他の生物種もろとも絶滅するのでしょうか。巨大隕石や氷河期や火山活動激化など、地球規模の災害によって引き起こされた大絶滅事件は、化石や地層中にいくらでも見つかります。そういうカタストロフィーによってホモ・サピエンスは最期の日を迎えるのでしょうか。

絶滅はまた、災害がなくても起きます。優秀な狩人ホモ・サピエンスは無数の動物種を狩り尽くして絶滅させてきた前科があります。今度はホモ・サピエンスが狩られる番がくるのでしょうか。ホモ・サピエンスを狩り尽くすのはどんな肉食獣でしょうか。文字通りゲーム感覚で獲物や敵を狩ることもあるホモ・サピエンス自身ということも考えられます。

絶滅と聞くと陰鬱な連想ばかり浮かびますが、明るい最期も想像できます。もしかしたらホモ・サピエンスはこぞって「新・人類に進化」するのかもしれません。（新・人類と

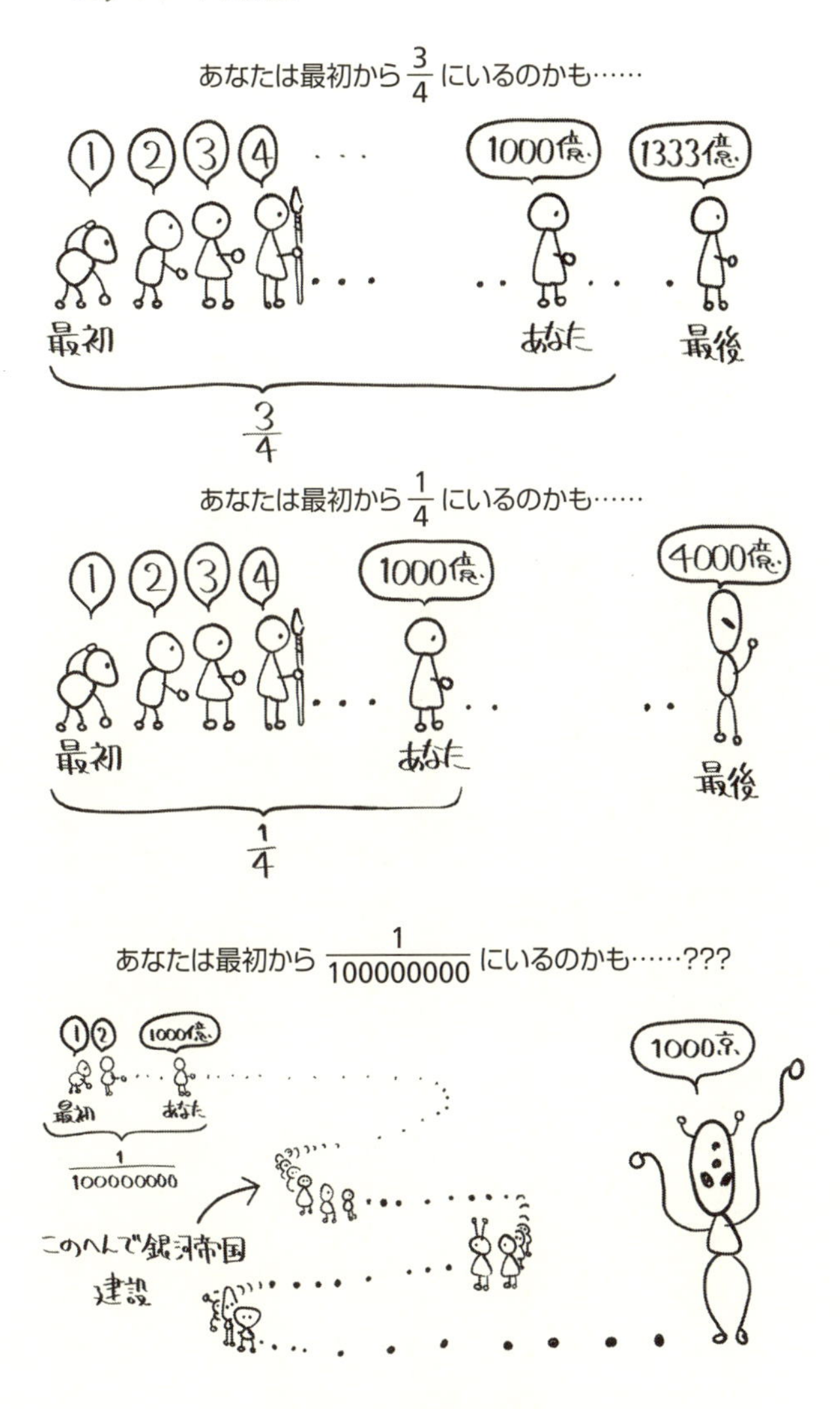
あなたは最初から $\frac{3}{4}$ にいるのかも……
1
2
3
4
1000億
1333億
最初
あなた
最後
$\frac{3}{4}$
あなたは最初から $\frac{1}{4}$ にいるのかも……
1
2
3
4
1000億
4000億
最初
あなた
最後
$\frac{1}{4}$
あなたは最初から $\frac{1}{100000000}$ にいるのかも……???
1
2
1000億
1000京
最初
あなた
$\frac{1}{100000000}$
このへんで銀河帝国建設

図7-5 人類全員集合

はいかなるものか、進化とはこの場合どういう現象を指すのかは、読者とSF作家の想像力にお任せします。）

ゴット推定と天の川銀河大帝国

SF的な発想が好きなゴット教授は、人類が進化発展して銀河系を支配する銀河文明を築く可能性について、（悲観的な）推定を行なっています。

将来、天の川銀河に存在する1000億個もの恒星系にホモ・サピエンスが植民して、それぞれに何億人も居住する大銀河帝国を建設するなら、図7-5のようにその人口は1000京人以上になるでしょう。

この1000京人のホモ・サピエンス全個体を並べて、宇宙的大行列を作ると、その先頭には、銀河帝国建国前の地球人が並んでいます。その人口はたったの1000億人ほどです。

ならばこの宇宙的大行列から1人選べば、高い確率で銀河帝国の住人が選ばれるはずです。帝国勃興前の辺境地球人が選ばれる確率は1000京分の1000億以下、すなわち1億分の1以下という大変低い確率になる、というのがゴット推定です。

つまりそういう銀河文明が将来建設されるなら、筆者や読者のみなさんは、建設前の地球という大変特殊で人口の少ない部分に自分がいるわけを不思議に思わなければならないのです。これは、ダーク・エネルギーのような物理定数を測定したところ、生命の存在を許すような範囲が0〜100だとして、0・000001という大変特殊で0に近い値が得られたことに相当します。

したがってゴット推定からは、将来そのような銀河大帝国が勃興することはないだろうという、SFファンをがっかりさせる結論が導かれるのです。

当てずっぽうだが否定もできない

それで結局ゴット推定は信頼できるのでしょうか。

この手法は確率・統計の教科書から逸脱しています。あるものの未来を推定するのに、そのものの性質の情報を使わず、観測者がいつそれを観測したかという情報を用いるなんて、統計学者の開いた口がふさがりません。これは確率でも推定でもなく、当てずっぽうだといいたくなる気持ちもわかります。

ゴット推定は、他に推定方法がない場合の最後の手段といえるでしょう。

もしホモ・サピエンスの他に知的生命が見つかって、そのうちどれくらいの割合が銀河帝国や銀河共和国連邦を建設しているかという統計データが得られたら、ゴット推定に頼ることなく、ホモ・サピエンスが銀河を征服する確率が正しく求められるでしょう。しかしそういうデータのない現在、ホモ・サピエンスは銀河文明を築くことなく、最大であと3000億人ほど生まれて最期の日を迎えるという、ゴット推定を否定することは困難です。

もちろん、知的生命を有する天体が地球の他に見つかりさえすれば、ゴット推定は放り捨ててかまいません。根拠不明なゴット推定よりも圧倒的に役立つ確かな情報を、その知的生命が奔流のように供給してくれるでしょう。

知的でなくても、何らかの生命が地球以外に発見されれば、ゴット推定の元となる人間原理も大幅な修正を迫られるでしょう。

どうしてよその生命が人間原理の修正を要求するのでしょうか。よその生命が発見される日はくるのでしょうか。次の節に続きます。

地球外生命はいるだろうか

前世紀に習った知識は時代遅れに

地球が1個の星であることを知って以来、人類は他の星に友人が住んでいるのではないかと想像を巡らしてきました。数百年の間、思いを巡らすばかりで実際に知るすべはなかったのですが、数百年間進歩を重ねてきた観測技術は、ここのところついに、宇宙の友人の存在または非存在を明かしつつあります。

残念ながらいまだ地球以外の天体に知的生命も微生物も見つかってはいないのですが、2017年現在では「見つからない」の意味がちがってきています。

以前は、火星人や金星人がいるかどうか、調べるすべがないのでわからなかったのですが、20世紀中頃からは太陽系内の惑星や衛星に探査機を送り込み、生命が住める環境かどうか調べられるようになっています。

また、近隣の恒星が惑星を従えているかどうか、望遠鏡で調べることができ、実際によその惑星が見つかっています。驚くなかれ、21世紀に入って発見されたよその惑星は約5

000個にものぼります。前世紀に学校で習った知識はすっかり時代遅れです。

ここで地球以外の惑星・衛星に生命が期待できるかどうか、私たちの知識のアップデートを少々試みましょう。

太陽系内に探査機を送ってわかったこと

生命が発生するには海が必要だと信じられていますが、我らが太陽系内で海が見つかったのは地球の表面だけです。

天体が海、すなわち液体の水たまりを持つには、まずそれなりの量の水が天体表面に存在し、かつ、温度と圧力が適切な範囲にないといけません。

火星は何億年も前に海が存在した形跡があるのですが、長い年月の間に大気が宇宙空間に飛び散って失われました。現在では気圧が低いため、火星の地表に液体の水は存在できません。もしコップに水を入れて火星におくと、たちまち沸騰して水蒸気になってしまいます。

金星もやはり水という物質が地表にほとんどありません。そのうえ大気が（火星とは逆に）多すぎて、温室効果のために地表は500度近くに熱せられています。ここにコップの水をおくと、地球上の水とも水蒸気とも似ていないどろっとした流体になって飛び散るでしょう。

火星にも金星にも海の見込みはないので、研究者は、木星や土星の凍りついた衛星の地下に液体の海が広がっているのではないか、そこに生命が発生した可能性はないか、探っています。

実をいうと、これまで火星に探査機を送る前は火星に生物が存在するのではないかと期待され（今でも期待している研究者がいます）、木星や土星には大気中を風船かクラゲのように漂う浮遊生物がいるのではないかと期待され（今でも否定はされていません）、今では土星や木星の衛星の地下に暮らす熱水生物群集が期待されています。

そういう夢想を聞くと、探査機を送らなくては、宇宙開発しなくては、科学予算をつけなくてはと、なんだか居ても立ってもいられなくなります。まるで狼が来たという叫びに毎回騙される村人のようですが、そうして送り込まれた探査機が無事に目標に到達して送ってくる最新成果を眺めるのは大変楽しく、結果としてたとえ生命が見つからなくても、損な投資ではないと思うのですが、どうでしょう。

太陽系外の惑星は5000個もあった

太陽系内に探査機を送り生命を探す努力と並行して、太陽系の外に地球のような惑星を探す試みも続けられています。

火星や金星や木星や土星などの太陽系の天体も相当遠いのですが、太陽系外の恒星は光でも何年も何万年もかかる桁違いの遠方にあり、それに付随するちっぽけな惑星を探すことは、長いこと夢想にすぎませんでした。しかし最近のとんでもなく進歩した観測技術によって、遠方の恒星を周回するちっぽけな惑星がついに見つかりつつあります。

特に21世紀に入ってからのこの分野の進展は目覚ましく、2017年現在でよその惑星はなんと現在3000個ほど、候補も含めると先述のように約5000個発見されています。

ほんの20年前には1個も見当たらなくて、惑星がたくさんある我らが太陽系は果たして宇宙で特別なのだろうか、などと議論されていたのが、今では5000個です。1日1個くらいの率で発見されたことになります。宇宙には惑星がうじゃうじゃいたのです。

その約5000個の8割は、2009年にアメリカが打ち上げたケプラー宇宙望遠鏡が見つけました。（火星や金星や木星や土星の探査機のほとんどはアメリカ人が打ち上げています。）

ケプラーはカメラで15万個以上の恒星を常に監視します。15万個の中には惑星を従えているものがあります。そして惑星の中には、軌道を周回するうちに、恒星の前を横切り（トランジッション）、恒星からケプラーに届く光をわずかにさえぎるものがあります。このわずかな減光を捉えるのが「トランジット法」と呼ばれる惑星検出手法です。

しかし、ほとんどの惑星の軌道は、恒星の前を通過するような、都合のいいものではありません。おそらくよその惑星のうち、トランジット法で検出できる割合は約０・１％と推定されます。つまり、発見された惑星1個につき、１０００個ほどの未発見惑星が存在すると思われます。

トランジット法は効率のよい方法ではありませんが、下手な鉄砲も数撃ちゃ当たる戦略で、ケプラーは次から次へと惑星を検出し、人類の知る惑星の数を激増させ、20世紀の学校で習った知識をすっかり時代遅れにしました。

期待を集める地球型惑星の大気組成

さてケプラーや地上望遠鏡の見つけたよその惑星約５０００個の中に、生命を宿すものはあるのでしょうか。地球のような海と大気を有する岩石惑星は隠れているでしょうか。地球と同程度の日射量を受ける小型岩石惑星は、今のところ数十個見つかっています。その大気の量はまだわかりません。

本当は、惑星の表面に液体の水が存在するためには、日射量よりも大気圧の方が重要です。火星も金星も地球と同程度の日射量を浴びていますが、どちらも大気圧が適切な範囲にないため、液体の水は存在できません。しかしそこのところの事情を説明するのが面倒なのか、世間では、地球と同程度の日射量を浴びる小型岩石惑星を地球型惑星と呼んでいます。

そういう地球型惑星に生命があるかどうか、どうやって調べればいいでしょうか。

一つの実現可能な方法は、大気組成を調べることでしょう。

地球の大気には酸素が20パーセント含まれています。これは地球大気の特徴で、火星大気にも金星大気にもこれほどの酸素はありません。なぜなら地球大気の酸素は緑色植物が光合成をして作ったものだからです。

異星の植物が酸素を作っているかどうか確信は持てませんが、酸素あるいは他の不自然な成分が見つかれば、植物の存在の根拠になります。今後の観測技術の進歩に期待します。

あるいは、惑星表面で反射された光を分析して、植物の葉緑素に相当する物質の存在を調べることも、将来可能になるかもしれません。

どちらも観測技術のさらなる飛躍が必要なのですが、太陽系外に惑星は果たして存在するのだろうかと議論していた時代から、(あまり根拠のない)地球型惑星が数十も見つかっている現在までの進歩を考えれば、よその惑星の大気成分は手が届かない対象ではない気がします。

ついに地球外生命発見の報が入る日も近いかもしれません。

人間原理が正しいかどうか宇宙人に聞いてみよう

そして異星の生命が発見されてみれば、生命は「地球型惑星」だけの特産品ではないこともありえます。

私たちの太陽系は、太陽に近い軌道を水星や金星や地球や火星のような小型の岩石惑星が周回し、太陽から遠い軌道を木星や土星といった巨大ガス惑星が、さらに遠くを天王星や海王星という巨大氷惑星が周回するという、整然とした構造をなしています。なので、よその恒星系の惑星が発見されるまでは、どこの惑星も(もし存在するなら)似たような秩序をなしていると想像されていました。

ところが実際によその惑星が発見されてみると、巨大惑星が恒星のすぐ近くをぎゅんぎゅん回っていたり、平たい長円軌道を描いていたり、私たちの太陽系と似ても似つかないへんてこな恒星系がたくさんあったのです。研究者は惑星系生成過程の再検討を（大喜びで）行なうことになりました。

ここからわかることは、私たち人類は自分の周囲のごく狭い範囲から宇宙を推し測るものの、実際の宇宙はもっともっと豊かでバラエティに富み、私たちの発想の裏をかくということです。だから宇宙を観測するたびに私たちは驚き、自らの想像力の貧しさを思い知らされます。

実際に宇宙に生命が発見されてみれば、それは逆説的ですが確実に、人類の貧弱な予想を超える存在だと判明するでしょう。「地球型」でない惑星にも生命は見つかるかもしれません。海や大気や月や磁場のない世界にも、そういう環境に適した生命が発生すると判明するかもしれません。

やがて宇宙に生命を発見したとき、私たちは自分の視野がどんなに狭いものだったか知って、目から大量のうろこが剝離することでしょう。

さてここからは筆者の想像が混じるのですが、地球と似ても似つかない環境での生命の発見は、人間原理に衝撃を与えることになるでしょう。

適切な大気と温度を持ち、海があり、月と磁場を有するなどの、宇宙的親切に思えるこういう地球のよいところは、実は私たちの買い被りにすぎないと判明することになります。生命は私たちにとって過酷な環境でも、ハッピーに発生して適応して進化できるのです。

異星の生命がどういうものかまだわかりませんが、それが私たちに似ていると考える方がおかしいでしょう。

異星の生命は私たちと分子レベルでぜんぜんちがう仕組みを持ち、ちがう環境で異なる歴史を経て発達したものでしょう。ひょっとしたら、ppチェーンで輝く恒星や地球のような元素組成すら必要としないかもしれません。

そうなれば、マルチバースやランドスケープが親切に整えてくれた適切な環境だけに生命が発生するという人間原理の論拠が崩れてしまいます。

人間原理を正しく用いるには、よその生命をいくつも観察し、生命がどういうものであるか、生命に必要な条件は何か、調べてからにした方がいいのではないでしょうか。井の中の蛙ならぬ地球の上の人類が、自分たちしか観察せずに、生命とはこんなものだと論ずるのは、きわめて滑稽で危険です。

将来宇宙人と会話が成立したあかつきには、人間原理という人類の思い込みは、笑い、あるいは笑いに相当する宇宙的行為の対象となるのでは、というのが筆者の危惧し、かつ切実に期待するところです。

注釈

タブー2

注1 Jacob D. Bekenstein, 1973, "Black Holes and Entropy," *Physical Review D*, vol.7, No.8, 2333.

注2 S. W. Hawking,1974, "Black hole explosions?," *Nature*, vol.248, 30.

タブー3

注1 A. Einstein, B. Podolsky, N. Rosen,1935, "Can Quantum-Mechanical Description of Physical Reality Be Considered Complete?" *Physical Review*, vol.47, 777.

注2 N. Bohr, 1935, "Can Quantum-Mechanical Description of Physical Reality Be Considered Complete?" *Physical Review*, vol.48, 696.

注3 Hugh Everett, III, 1957,'"Relative State" Formulation of Quantum Mechanics,' *Reviews of Modern Physics*, vol.29, No.3, 454.

注4 Bryce Dewitt, R. Neill Graham, eds., 1973, "The Many Worlds Interpretation of Quantum Mechanics," *Princeton University Press*.

タブー4

注1 A. Einstein, 1917, "Kosmologische Betrachtungen zur allgemeinen Relativitätstheorie," Sitzungsberichte der Preussischen Akademie der Wissenschaften, 142.

注2 Edwin Hubble, 1929, "A Relation between Distance and Radial Velocity among Extra-Galactic Nebulae," *Proc. N. A. S.*, vol.15, no. 3, 168.

注3 Edward Arthur Milne, 1934, "A Newtonian Expanding Universe," *Quarterly Journal of Mathematics*, vol.5, 64.

注4 H. Bondi, T. Gold, 1948, "The Steady-State Theory of the Expanding Universe," *Monthly Notices of the Royal Astronomical Society*, vol.108, 252.

注5 F. Hoyle, 1948, "A New Model for the Expanding Universe," *Monthly Notices of the Royal Astronomical Society*, vol.108, 372.

注6 G. ガモフ著、崎川範行、伏見康治、鎮目恭夫訳、「わが世界線」(『宇宙 =1、2、3…無限大』1992、白揚社 所収)。

注7 R. A. Alpher, H. Bethe, G. Gamow, 1948, "The Origin of Chemical Elements," *Physical Review*, vol.73, no.7, 803.

タブー6

注1 Roger Penrose, 1989, "The Emperor's New Mind," *Oxford University Press*.
日本語訳:ロジャー・ペンローズ著、林一訳、1994、『皇帝の新しい心』(みすず書房)。

タブー7

注1 Pius XII, 1951, "The Proofs for the Existence of God in the Light of Modern Natural Science," *in Pontificiae Academiae Scientiarum Scripta Varia (Pontifical Academy of Sciences, 2003)*, no.100, 130.

注2 Brandon Carter, 1974, "Large number coincidences and the anthropic principle in cosmology," *in Confrontation of Cosmological Theories with Observational Data, (ed. M. S. Longair, Kluwer Academic Publishers)*, 291.

注3 J. Richard Gott III, 1993, "Implications of the Copernican principle of our future prospects," *Nature*, vol.363, 6427, 315.

著者略歴

小谷太郎
こたにたろう

博士(理学)。専門は宇宙物理学と観測装置開発。
一九六七年、東京都生まれ。東京大学理学部物理学科卒業。
理化学研究所、NASAゴダード宇宙飛行センター、
東京工業大学、早稲田大学研究員などを経て大学教員。
教鞭を執るかたわら、科学のおもしろさを一般に広く伝える著作活動を展開している。
『理系あるある』『知的好奇心をくすぐる「理系」のおもしろ話』
『知れば知るほど面白い 不思議な元素の世界』
『科学者はなぜウソをつくのか 捏造と撤回の科学史』など著書多数。

幻冬舎新書 484

言ってはいけない宇宙論
物理学7大タブー

二〇一八年一月三十日 第一刷発行

著者 小谷太郎
発行人 見城 徹
編集人 志儀保博

発行所 株式会社 幻冬舎
〒一五一-〇〇五一 東京都渋谷区千駄ヶ谷四-九-七
電話 〇三-五四一一-六二一一（編集）
〇三-五四一一-六二二二（営業）
振替 〇〇一二〇-八-七六七六四三

ブックデザイン 鈴木成一デザイン室
印刷・製本所 株式会社 光邦

Printed in Japan ISBN978-4-344-98485-1 C0295
こ-21-2
幻冬舎ホームページアドレス http://www.gentosha.co.jp/
*この本に関するご意見・ご感想をメールでお寄せいただく場合は、comment@gentosha.co.jp まで。